兴农重器

中国农机文化传承与创新

江苏大学党委宣传部 编著

金丽馥 高雅晶 主编

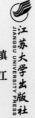

江苏大学出版社

JIANGSU UNIVERSITY PRESS

镇江

图书在版编目(CIP)数据

兴农重器：中国农机文化传承与创新 / 江苏大学党委宣传部编著；金丽馥，高雅晶主编. — 镇江：江苏大学出版社，2021.9
ISBN 978-7-5684-1684-9

Ⅰ.①兴… Ⅱ.①江… ②金… ③高… Ⅲ.①农业机械－农业史－中国 Ⅳ.①S22－092

中国版本图书馆 CIP 数据核字(2021)第 190564 号

兴农重器：中国农机文化传承与创新
Xingnong Zhongqi：Zhongguo Nongji Wenhua Chuancheng yu Chuangxin

编　　著 /	江苏大学党委宣传部
主　　编 /	金丽馥　高雅晶
责任编辑 /	米小鸽
出版发行 /	江苏大学出版社
地　　址 /	江苏省镇江市梦溪园巷 30 号(邮编：212003)
电　　话 /	0511-84446464(传真)
网　　址 /	http：//press.ujs.edu.cn
排　　版 /	镇江市江东印刷有限责任公司
印　　刷 /	扬州皓宇图文印刷有限公司
开　　本 /	718 mm×1 000 mm　1/16
印　　张 /	12.75
字　　数 /	145 千字
版　　次 /	2021 年 9 月第 1 版
印　　次 /	2021 年 9 月第 1 次印刷
书　　号 /	ISBN 978-7-5684-1684-9
定　　价 /	228.00 元

如有印装质量问题请与本社营销部联系(电话：0511-84440882)

本书编委会

顾　问：袁寿其　颜晓红

主　任：李洪波　全　力

主　编：金丽馥　高雅晶

成　员(按姓氏笔画排序)：

万由令　马海乐　王　谦　王玉忠　毛罕平

曲云进　朱　晏　朱立新　任泽中　刘　颖

刘国海　刘硕敏　许晓世　李　晓　李仲兴

李耀明　杨　娟　吴麟麟　何　炜　张伟杰

张德胜　陈立勇　陈远东　林新荣　金玉成

郑礼月　施进华　施爱平　黄文岳　彭绍进

嵇康义　蔡东升　魏志晖

序

我国是农业大国，农耕历史悠久。随着社会文明的进步，农业生产方式不断迭代升级。特别是新中国成立以来，农业机械化发展迅速，部分农机装备在全世界范围内也属罕见，颇具中国特色。然而，农业生产方式和机械设备虽在不断更新，我国的农机软实力建设却仍然没有得到足够的重视。究其根本，有一点最是不容忽视，那就是农机文化的"缺失"。事实上，在我国浩瀚的历史长河中，农机文化犹如一颗蒙尘明珠，急需一股清风吹去浮尘，使其再绽光芒。化成这股拂尘清风，便是作者编写《兴农重器——中国农机文化传承与创新》这本书的初衷。

翻开我国农业历史的画卷，从拓荒者原始的锹镐、人拉犁，到现在的大马力拖拉机、联合收割机……在一般人看来，目所能及的无外乎是一堆金属物品，通过各种物理知识进行创造组合而成，没有生命，更没有感情；那些从事农业生产的人，尤其是操作农机的人，成天围着铁疙瘩调试摆弄，满身灰尘、一脸沧桑，谈不上什么文化，更遑论高雅。实则不然，任何一个行业的延续和发展，必然有其特定属性，随着人与自然、机械的不断磨合，会逐渐形成该行业独特的文化底蕴，只是这种文化根植于广袤的田野里、诞生在机器的轰鸣中。

在中国各类文化发展史中，不乏农业生产的完美展现。比如：以"镰刀锄耙、耕牛犁铧"作为诗画的创作元素；以"老黄牛精神"植入中国的传统文化，用来赞扬勤奋刻苦的人物和团体；传统的农业灌溉工具——水车，成为越来越多旅游景区的艺术展品；等等。毛泽东同志于1959年提出了"农业的根本出路在于机械化"的著名论断，至20世纪70年代末，全国掀起了农机文化的热潮，涌现出一大批激情讴歌农业机械化的诗歌、小说、科普漫画等文艺作品。以中国第一位女拖拉机手梁军驾驶拖拉机为原型的图案，被印上了第三套人民币1元纸币。农机文化逐渐成为中国文化发展的重要组成部分。

我们看到，农机化在不断改变着传统的农业生产方式，改变着农民的生活方式，更在潜移默化地改变着农民的思想意识。对外是一面旗帜，对内是一种向心力。影响广泛而深远的农机文化，需要有更多的人来弘扬与传承。

可喜的是，随着农机技术的不断革新和农机制度的健全完善，我国对农机文化精神内核的自发追寻和延展已如星光闪耀满天。比如，全国各地开始建设各具特色的农机博物馆，使之成为农机科研、教育培训和技术交流的文化阵地，也成为丰富农机精神的重要物质载体。但我们也注意到，当前这些农机博物馆，多数是对每一件农具、农机产品的记录与展陈，往往只注重对实物的展示，还没有深入地挖掘其背后的文化内涵，农机文化的精神内核亟待进一步拓展延伸。

所以，单纯依靠实物展示和文字说明远不能真正达到弘扬农机文化的目的，还要寻求更加主动而广泛的方式，而涉农高校作为农业人才的培养基地，自然拥有独特的优势，传播农机文化、接续农机精神命脉、传承农机文化基因，是其责无旁贷的使命。2019年9月5日，习近平总书记给全国涉农高校的书记校长和专家代表回信，对涉农高校办学方向提出要求，对广大师生予以勉励和期望。江苏大学因农而生、因农而兴，办学的初心就是强农兴农，在弘扬农机文化的过程中，更是重任在肩。

江苏大学的前身是镇江农业机械学院，是为贯彻毛泽东同志关于"农业的根本出路在于机械化"的重要指示，于1960年由南京工学院（现东南大学）分设独立建校的，是国内最早设立农机专业、最早系统开展农机教育的高校。筹建选址、艰苦创业、整顿恢复、稳定发展……几个阶段的曲折发展，横跨一甲子的时光。学校在一片荒山洼地上白手起家，从无到有，从小到大，经受了无数风雨，克服了重重困难，坚定的"农"字初心和几代师生"自强厚德，实干求真"的精神品格，共同形成江苏大学独特的"农机文化"。从某种意义上讲，这是中国当代农机文化的一个缩影。它培养并引领了一代代农机人，在农机领域取得累累硕果，不断为推进我国农业机械化、智能化积蓄力量。

为进一步学习贯彻习近平总书记"大力推进农业机械化、智能化"的重要论述精神，深入落实习近平总书记给全国涉农高校的书记校长和专家代表回信精神，江苏大学全力打造中国农机文化展示馆。学校以建设中国农机文化展示馆为契机，整合相关展陈内容，以时间为轴线，分列不同专题对农机发展变迁进行介绍和分析，高度提炼了农机发展进程中不同时期的辉煌成果和历史意义，力图体现农机文化的源远流长、博大精深。

　　我们希望，中国农机文化的精神内涵与时代文化的有机融合，既能对时代文化发展做出贡献，也能为农机行业自身的科学发展赢取更加广泛的社会力量。同时，我们也衷心地期望，这本书不是枯燥乏味的知识叙述，而是能够对不同学科和领域的研究人员、师生和广大从业者都有所裨益，尤其是可以成为广大青年学子真正的学习伙伴，让农机文化能够浸润到每一位学子的心灵深处，激励其将个人的理想追求与祖国乡村振兴的伟大目标同频共振，为实现中华民族伟大复兴贡献青春力量。

谭晓红

2021 年 8 月

我国是一个农业大国，农业生产具有悠久的历史。早在古代，发达的农耕文明就已孕育出影响世界的农机具和理论著作，耒耜、中国犁、风谷车……每一件农机具之中都蕴含着历史的根、文明的印。

随着社会的发展、科技的进步，特别是新中国成立以来，我国农业机械化发展突飞猛进，成为现代农业建设的重要物质基础。农业的根本出路在于机械化。回望峥嵘岁月，中国农机工业白手起家，实现跨越发展；农机科研体系日臻完善、硕果累累；农机教育争创一流、成效显著。中国正处于从全球第一农机制造大国迈向农机制造强国的新征程。

为进一步学习贯彻习近平总书记"大力推进农业机械化、智能化"的重要论述精神，深入落实习近平总书记给全国涉农高校书记校长和专家代表的回信精神，江苏大学党委宣传部组织编写了《兴农重器——中国农机文化传承与创新》。全书以时间为轴线，分为"追寻历史 溯源农机""时代变革 兴盛农机""无界畅想 未来农机"三篇，用珍贵的照片、翔实的档案和精练的文字多角度、全方位还原中国波澜壮阔的农机发展历程，挖掘农机发展背后所蕴藏的精神文化内涵。

第一篇"追寻历史 溯源农机"从石器时代开始讲起，从我国在原始农具时期、铜石农具时期、铁质农具时期的农机具的发展特征入手，展示了影响世界的中国农机具，探索了现代农业机械化萌芽的产生，带领读者感悟农机具背后的古代劳动人民的智慧。

第二篇"时代变革　兴盛农机"从农机高等教育、农机科研、农机工业三个方面回顾了一代代农机人坚持不懈的奋斗历程。1959 年毛泽东主席提出"农业的根本出路在于机械化"，为新中国的农业发展指明了方向。在党和政府的领导下，我国建立起了较完善的农业机械管理、制造、流通、科研、教育、应用等体系，成为农机生产与应用的世界第一大国，开启了中国农业机械化的新纪元。

第三篇"无界畅想　未来农机"以专家观点为切入点，以物联网、大数据、云计算和人工智能等技术为支撑，畅想了农业机械不断智能化、一体化、集约化、大型化、信息化的美好前景。

作为一所因农而生、因农而兴的高校，为传承并丰富中国农机文化，江苏大学全力打造中国农机文化展示馆作为农机文化教育和交流基地，以推动农机学科发展，服务国家战略和经济社会发展。希望广大读者通过阅读本书，传承"责任、创新、实干"的农机精神，培养"知农、爱农、为农"的情怀，为实现中华民族伟大复兴的"中国梦"做出更大的贡献。

编　者

2021 年 7 月

目录

第二篇　时代变革　兴盛农机——新中国农机文化亮点纷呈

第一篇

追寻历史　溯源农机

中华农机文化源远流长

人类历史跨越两百余万年，每一次变迁都伴随诸多精神印记与实物佐证，孕育出流芳百世的人物、技艺、著作，也为农机发展积淀了深厚的文化底蕴。中华民族的祖先从刀耕火种到精耕细作，创造了辉煌又发达的中华农业文明，古代人民发明创造的一件件农具便是最有力的证明。每一件农具背后无不闪耀着古代劳动人民智慧的光芒，历朝历代农具的不断创新、改造为人类文明的进步做出了巨大贡献。

第一章　原始农具时期

原始农具时期，包括中国历史的史前时期。这一时期农业的主要特点是从迁徙的"刀耕火种"逐渐转变为定居的农业耕作，广泛使用的生产工具以石质和木质为主，并出现了一定的社会劳动分工。农业系统大致可以划分为北方黄河流域的旱地粟作农业和南方长江流域的水田稻作农业。这一时期，体现中国农具发展水平的代表是"石斧""石锄""骨耜"等。

一、黄河流域的旱地粟作农具

黄河流域，气候温暖而干燥，土壤疏松而肥沃，尤其是中下游地区雨量丰沛、水源充足、草木繁茂，为原始农业的产生与发展提供了良好的自然条件。黄河流域的文化遗址相当丰富，新石器时代早期的典型遗址有武安磁山、新郑裴李岗和沙窝李、秦安大地湾下

磁山遗址出土有肩石斧（一）

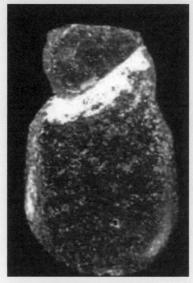

磁山遗址出土有肩石斧（二）

层、滕州北辛、北京门头沟东胡林及宝鸡北首岭遗址等。

磁山遗址在河北武安境内，裴李岗遗址在河南新郑境内，都处在黄河流域。这些文化遗址出土的生产工具有石斧、石刀、石铲、石镰、石磨盘、石磨棒等，遗址中还有狗、猪、鸡的遗骸及半地窖式住房遗迹。在裴李岗遗址的窖穴中，发现了堆积的粮食碳化物，经分析为粟类作物，这里不仅有了农业种植、谷物加工，而且有了饲养的家禽家畜。之后在河南境内及其他地区的许多地方，又发现了类似磁山、裴李岗的遗址五六十处，可见这里的新石器时代早期农业已发展得很广泛。

稍晚于磁山文化的是以仰韶文化为代表的新石器时代中期的农业文化，距今7000至5000年。其中心地域在现今关中、晋南一

裴李岗遗址出土石斧

带，南达汉水上游，北至河套地区，西到渭河上段，东达河南东部，包括万荣的荆村、翼城的牛家坡、宝鸡的北首岭、岐山的斗鸡台、华县的泉户村及西安的半坡等诸文化遗址。这些文化遗址中都有粟类的遗物及猪、狗、鸡的遗骸出土。半坡遗址出土的陶罐中，发现了蔬菜的种子，说明这里除种植粟类等粮食作物外，还种植蔬菜。在仰韶文化遗址还发现了大面积布局完整的村落遗址，出土的农具有石铲、石斧、石锄、陶刀、石磨盘和木耒等。这是农业生产水平显著提高的又一重要标志。

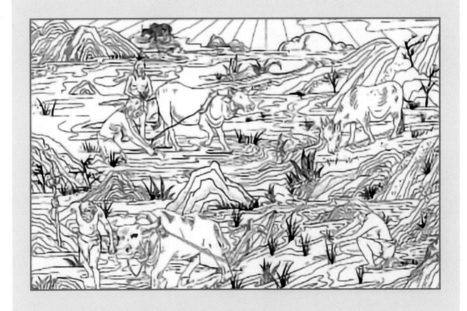

黄河上游农业起源地区分布也很广，东至泾河、渭河上游，西到龙羊峡附近，南达四川汶川，北至辽宁清水河流域。以距今5000至4000年的马家窑文化为典型代表的文化遗址有300多处，主要特征是：以经营农业为主，兼有一定的畜牧和狩猎活动，使用

① 半坡遗址出土石锄
② 半坡遗址出土穿孔石斧

的生产工具有石刀、石斧、石凿、石锛及骨刀、杵等，还有狩猎的石丸、骨镞。比马家窑文化稍晚的齐家文化，发现于甘肃和政齐家坪，分布在甘肃洮河、大夏河、渭河上游和青海湟水流域。目前，这一区域内已发现同类遗址350余处，使用的生产工具有石刀、石斧、石锛、石镰、石铲、石杵、石磨盘及骨铲等。主要分布于山东中部和南部丘陵地区及江苏淮北一带的大汶口遗

城子崖遗址出土单孔长条石铲

址，其分布范围北濒渤海、南抵苏皖、西近河南。大汶口文化按地层关系可分为早、中、晚三期，中期距今 5500 至 4400 年。大汶口遗址于 1959 年首次发现，现已发现各类遗迹 100 余处。农业生产以种粟为主，兼营畜牧，居民饲养猪、狗等家畜，辅以狩猎和捕鱼。早期生产工具主要有磨制的穿孔石斧、石铲、石刀、石凿等；中晚期有大型石锛、有段石锛、有肩石铲、角、骨质镰刀、骨角锄，还有骨针、鱼镖、鱼钩和镞等。骨针磨制之精细，几可与今针媲美。

二、长江流域的水田稻作农具

长江流域，特别是中下游地区，气候湿润，雨量充沛，河网密布，土地肥沃，具有良好的发展农业的天然环境。长江中下游也是较早的农业和农具起源地。

　　湖南澧县彭头山文化遗址、江西万年山仙人洞遗址、江西新余拾年山遗址的发现，证明这些地区的水稻种植历史已有9000年以上。彭头山遗址在洞庭湖西北、澧水上游一带。这里不仅发现了大量的稻谷和稻壳遗存，还有陶器及牛骨，并发现了住室遗迹。

　　20世纪70年代初，在浙江余姚河姆渡发现的遗址，距今已有7000年以上。这里出土了大批较为先进的耕作农具——骨耜（或

河姆渡遗址出土骨耜

称骨铲、骨锸），两次出土达170多件，还有石刀、石镰、有齿石刀、纺缚等。值得一提的是，这里还发现了两件木质农具——木铲和木杵，这对判定石器时代木质农具的地位和作用具有重要意义。继河姆渡文化之后，在长江下游发展起来的还有马家浜文化和青莲岗文化。以1959年在浙江

青莲岗遗址出土石铲

嘉兴发现的马家浜遗址为代表的马家浜文化，主要分布在太湖平原和杭州湾地区，距今 6000 年左右。这里出土的生产工具有经磨光和穿孔的石制斧、铲、刀等，说明部分农具已可能是复合农具。青莲岗文化分布于长江及淮河下游，于 1951 年发现，出土的石质工具有锛、斧、锄、刀及纺轮。

良渚文化于 1936 年在浙江余杭良渚镇首次发现的，分布区域与马家浜文化大体相同，但存在时间稍晚，距今约四五千年，从出土文物看，其农业生产与马家

良渚遗址出土石犁

屈家岭遗址出土石斧

浜相比有较大进步。三角形犁铧状石器、扁薄的穿孔石铲都是在这里首次发现的。距今约 5000 年的屈家岭文化，已发现几十处遗址，包括朱家嘴、青龙泉、放鹰台、黄楝树等遗址，其中以 1954 年发现的湖北京山境内的屈家岭遗址最具代表性。这里多使

用磨光石器，少量的石斧、石镰、石铲有穿孔。在屈家岭晚期文化基础上发展起来的青龙泉三期文化，距今约 4000 年，分布范围与屈家岭文化大体相同，各遗址的大片烧土内夹杂着大量稻壳和茎叶遗存，还有许多猪、狗、鹿、羊的遗骸。这里的农具有长方形无孔石铲、双肩石锄、带孔石刀及蚌镰等①。

从长江流域的这些遗址可以看出，南北农业文化融会的痕迹明显。

第二章　铜石农具时期

铜石农具时期，是指中国历史上的夏至春秋时期，主要特征是铜石并用。这一时期，人类摆脱了原始的农业生产方式，进入沟洫农业时期，出现了新的农业生产方式，体现中国农具发展水平的代表是"青铜农具"。青铜冶炼技术应用在农具上，既增强了农具的硬度、强度，也提升了农具的耐用性，然而青铜冶炼成本高昂，因此青铜农具并未得到普遍使用，农业生产使用的农具材质仍然以石、骨、木和蚌为主。

---

① 周昕：《中国农具通史》，济南：山东科学技术出版社，2010 年。

一、协田耦耕时代

夏、商、周时期，农业生产技术得到了初步发展，生产工具、耕作方式、田间管理方面都出现了新气象，农业生产脱离原始社会形态，进入"协田耦耕"时代。

三人一组在连绵不断的田地上耕作的方式被称为"协田"。西周以后改为两人协同耕作，称为"耦耕"。因此夏商周时期也被称为协田耦耕时代。当时人们使用耒耜挖掘沟渠沥涝灌溉，道路和渠道纵横交错，把土地分隔成方块。土地因形状像"井"字，被称作"井田"。"井田制"是人们对西周时期所实行土地制度的通称，土地归天子所有，诸侯、卿大夫、士等各级贵族享有土地占有权和使用权，庶人无土地权利。

协田耕作场景图

知识拓展

1. "田"的字形演变

"田"字始见于商代甲骨文及商代金文，象形字，字形像在一大片垄亩上划出三横三纵的九个方格，表示阡（竖线代表纵向田埂）、陌（横线代表横向田埂）纵横的无数井田，简体甲骨文将三横三纵的阡陌简化为一横一纵的"十"。

| 甲骨文 | 金文 | 篆文 | 楷体 |

"田"的字形演变

2. "耕"的字形演变

"耕"字始见于战国文字，字形像手（又）持力（力为犁田农具耒，用来翻松田土）以犁田，字形或从口、从力，田会意。从口，指劳动时呼喊的声音。因字形近于"力田为男"的关系，篆文字形类化为从耒，井声。从耒，表示犁田农具；井声，声兼义，表示井田。

战国文字　　**篆文**　　**隶书**　　**楷书**

"耕"的字形演变

二、"耒"与"耜"结合

耒是中国起源最早的农具之一，为木质双齿掘土工具，形状为一根尖头木棍加上一段短横梁，使用时把尖头插入土壤，用脚踩横梁使木棍深入，然后翻出，达到疏松土壤的效果。

耜也是中国起源最早的农具之一，铲状翻土农具，形似耒，但改尖头为扁形，成为板状刃，刃口在前，使用时将耜绑在木柄末端，连续推进，破土阻力减小。

"耒"与"耜"结合后，柄和头的形状都发生了变化：用于掘土、深挖的头部变得狭长；用于铲土、翻土的头部变得宽扁；为了容纳更多的土和避免翻土时滑落，板面变得下凹；为了铲土更省力，刃部变得更锋利，出现双尖活圆弧刃等。

山东嘉祥县东汉晚期武氏家族墓
武梁祠画像石神农氏像

骨耜

　　"耒"与"耜"的结合提升了耕作效率，使得中华先民有了真正意义上的"耕"与耕播农业，原始的天文历法、气象水利、土壤肥料等知识和技术也相应产生。耒耜的发明反映了我国古代对农业生产工具的重视，也表明了当时农学水平的提高。

先秦时期的耒耜

三、青铜农具的发展

　　商周时期，青铜铸造业高度繁荣，依据考古发掘资料来看，青铜器主要是青铜礼器、乐器和武器，只有少量青铜农具。目前所见的商周时期的青铜农具主要有镢（jué）、铲、锸、耒、耜、犁、锄、镰、铚（zhì）、锛（bēn）等，直至春秋时期青铜农具才取得进一步发展①。尽管如此，这一时期考古发现的青铜农具仍能反映出我国古代农具的发展和进步。

————————

　　① 许伟：《从近20年考古报告看商周时期青铜农具之使用》，《唐山师范学院学报》，2011年第1期。

新中国成立以来考古发现的青铜农具统计表[①]

年代	数量/件
商代	103
西周	76
春秋早中期	25
春秋晚期至战国早期	92
战国早中期	34

钁，翻土和除草的工具。青铜钁，一般作长条形，厚体窄刃，有单面刃和双面刃两种，有銎，直柄前端弯曲，纳于銎中。

镰，收割农具。青铜镰是从距今 8000 至 7000 年的磁山文化和裴李岗文化时期的石镰演化而来的。商周时期的青铜镰可分为无

商代十字纹青铜钁

青铜镰

---

① 徐学书：《商周青铜农具》，《农业考古》，1987 年第 2 期。詹开训：《谈新淦商墓出土的青铜农具》，《文物》，1993 年第 7 期。孔令元：《江苏邳州市九女墩三号墓发掘》，《考古》，2005 年第 3 期。白云翔：《我国青铜时代农业生产工具的考古发现及其考察》，《农业考古》，2002 年第 3 期。

銍镰和有銍镰两大类①。

銍，收割农具。青铜銍是从石片、蚌壳制品演化而来的。銍是不装柄的工具，但多有孔，用以系绳以套于操作者的手上，使之方便操作又不易脱落。

新淦大洋洲遗址出土三孔青铜銍

锛，开垦土地的农具。青铜锛是从新石器时代的石锛演化而来的。青铜锛为扁刃（一面刃），背面微拱，有长方口的銎，也有作菱形的銎口，銎内置曲形横柄。

新淦大洋洲遗址出土青铜锛

① 席乐，詹森杨：《略论商周时期的青铜镰》，《江汉考古》，2017 年第 1 期。

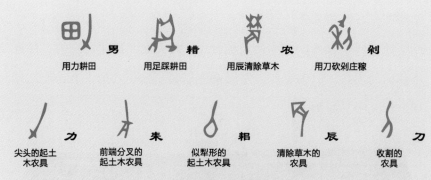

男	耤	农	刜
用力耕田	用足踩耕田	用辰清除草木	用刀砍剁庄稼

力	耒	耜	辰	刀
尖头的起土木农具	前端分叉的起土木农具	似犁形的起土木农具	清除草木的农具	收割的农具

商代甲骨文中与农相关的字

第三章　铁制农具时期

　　铁制农具时期，是指中国历史上的战国时期至近代。战国时期，铁犁和牛耕的广泛使用推动了生产力的变革，至北魏时期北方旱地农具发展已趋成熟，此后历代的旱地农具在形制上并无明显改进。隋唐以后，随着经济重心南移，北方先进的农业生产技术在南方得到推广和应用，适合南方水田生产环境的农具被相继创制，南方水田农具进入发展成熟期。这一时期，代表中国农具发展水平的是"翻车""耧车""曲辕犁"等。

一、北方旱地耕作农具

　　我国北方旱地耕作农具伴随着精耕细作农业的改进而变化，到了北魏时期，由于耕作体系进入成熟定型期，旱地耕作农具也趋于完善，此后均无明显改进。这一时期，代表北方旱地耕作农具发展水平的有"直辕铁犁""耧车""龙骨水车""风谷车"等。

（一）旱地耕作体系

战国至魏晋南北朝时期，牛耕和铁制农具的使用提高了耕作效率。黄河流域形成了区田、代田等技术及防旱保墒的"耕—耙—耱"旱地耕作体系。

耕，指耕地，用犁开沟；耙，指用耙碎土平地；耱，指用无齿耙将土块打细，在地面形成一层松软的土层。

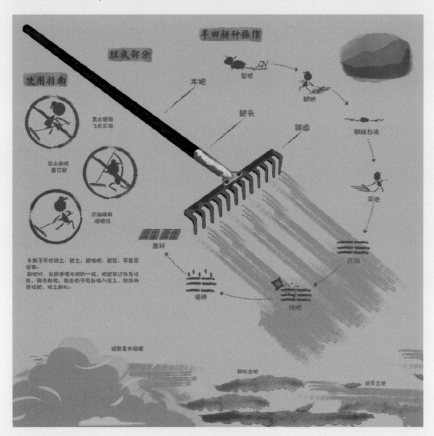

旱地农机具使用图

（二）铁犁出现——农具发展大变革

随着耒耜类耕垦农具的演变和分化，曲柄耒耜、踏犁逐渐过渡成为犁。

战国时期出现铁犁[①]，可以松土划沟，但不能起土翻垄。两汉时期铁犁已广泛使用，并为适应生产形制不断改进。

恩格斯在《家庭、私有制和国家起源》中写道："对于大多数国家来说，铁制工具是最后过渡到农业的必要前提，铁对农业提供了犁，犁完成了重大的变革。"铁犁的出现，极大地提升了耕地效率，

东汉牛耕画像石

---

① 河北易县燕下都遗址和河南辉县均出土了战国时期的铁犁铧。

① 河南渑池窖藏出土的东汉铁犁
② 河南渑池窖藏出土的东汉犁铧
③ 河南辉县出土的战国铁锄

完成了农具发展的大变革，中国农业发展进入新的历史阶段。

（三）耧车——现代播种机原型

耧，也叫"耧车""耧犁""耙耧"，是汉代赵过发明的条播机。耧车由耧架、耧斗、耧腿、耧铲等构成，有一腿耧至七腿耧多种形制，使用时可由牲畜牵引，一人扶着耧车播种。耧车创造性地将开沟、播种、覆土三道工序合而为一，极大地提高了耕种效率，现代播种机便是在此基础上演变而来的。

西汉耧车复原模型

知识拓展

犁的变迁①

牛耕肇始于春秋战国时期，出于精耕细作及解放生产力的要求，农业工具和生产技术进一步改进和提升。畜力的使用极大地解放了人力，而犁的不断改进则提升了生产效率。畜力犁成为最

---

① 胡泽学：《试论中国犁耕技术进步的推动力》，《古今农业》，2006年第4期。

重要的耕作农具，既改善了耕地的质量，又促进了农作物产量的提高，是耕犁史上的重大成就。

1. 史前时期

史前时期人们使用的原始犁，即耒，后逐渐发展为石犁。用耒耜耕地非常费力，耕作效率低下。人们在劳动的过程中，为了提高劳动效率，减轻劳动强度，便开始琢磨在耒耜的柄上系一绳，由人拉动，后来这种牵拉的绳又被一根木棍代替，形成一种有犁把、拉杆、犁铲的新工具，石犁的雏形就出现了。石犁的出现，形成了传统农具"犁"的雏形，具有划时代的进步意义，对推动播种工艺的发展也起到了革命性的作用。虽然犁耕时代还没有来临，但是这一时期为犁耕时代的来临做了物质上和技术上的准备。

2. 商周时期

商周时期出现的青铜犁铧，可以开出浅沟。从夏代起，经商、西周迄春秋止，是我国农业技术的初步发展时期，生产工具和耕作栽培技术等方面有了较大的进步和创新，出现了青铜农具，但并没有普遍使用，更没有动摇各种非金属农具在农业生产中的统治地

新石器时代出土石犁

商代青铜犁铧

位。不管怎样，青铜技术的发明和应用，是这一时期社会发展的重要标志，这表明人类社会迎来金属农具的新时代，为之后铁犁的出现提供了物质基础。

3. 战国时期

战国时期，铁犁普遍使用。在商和西周时代进入鼎盛时期的青铜冶炼，到春秋战国时期继续发展提高，这为冶铁技术奠定了物质基础和技术基础。随着冶铁技术的发明、发展和日益成熟，在农具制造业范围内，铁逐渐取代了青铜。到战国晚期，用青铜制造的农具已经不多见。各地都有相当数量的战国时期的铁农具出土，主要有铁犁、铁锄、铁锸、铁镢、铁镰等，其中最重要的是铁犁的出现，它反映了我国农具发展史上重大变革的时代特点。只有到铁农具普遍出现的战国时代以后，犁耕技术才有了较大的发展。

战国铁犁

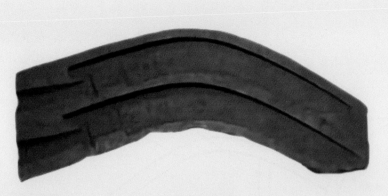

战国时期的铁双镰范

4. 两汉时期

两汉时期,铁犁的应用
不仅很普遍,而且水平更
高。两汉时期对犁头进行改
进,犁头由犁铧冠、犁铧、
犁壁三个部件组成,可以翻
土起垄。汉代的犁是直辕
犁,"二牛抬杠"的使用方

汉代铁犁

式特别适合在平原地区进行耕作,极大地提高了耕作效率。

5. 唐朝时期

唐代在直辕犁的基础上发明了曲辕犁。曲辕犁,又称"江东
犁",唐代开始广泛应用于长江下游地区的水田。笨重的直辕犁升
级成轻便的曲辕犁,犁架小,便于回转;操作灵活,便于深耕又
节省畜力。曲辕犁的应用和推广,大大提高了劳动生产率和耕地

的质量。曲辕犁的发明，在中国传统农具史上掀开了新的一页，它标志着中国耕犁的发展进入了成熟的阶段。我国的传统步犁发展至此，在结构上便基本定型。此后，曲辕犁就成为中国耕犁的主流犁型。

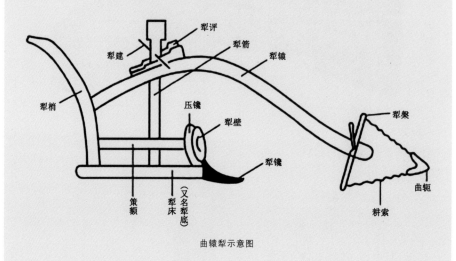

犁评
犁建
犁箭
犁辕
犁梢
压镜
犁壁
犁镜
犁槃
曲辄
策额
犁床
（又名犁底）
耕索

曲辕犁示意图

6. 宋元时期

宋元时期在唐代曲辕犁的基础上加以改进和完善，使犁辕缩短、弯曲，减少策额、压镜等部件，犁身结构更加轻巧，使用灵活，耕地效率更高了。之后耕犁并无太大改变，直到近代出现改良犁、坐犁、车犁和拖拉机犁等之后，犁耕才进入一个新的阶段。

7. 明清时期

明清时期，耕犁没有发生太大的变化。只是在清代晚期由于冶铁业的进一步发展，有些耕犁改用铁辕，省去犁箭，在犁梢中部挖孔槽，用木楔来固定铁辕和调节深浅，使犁身结构简化而又不影响耕地功效，也使耕犁更加坚固耐用，既延长了使用时间，又节约了生产成本。这也是一种进步。

二、南方水田耕作农具

隋唐以后，经济中心逐渐南移，北方的精耕细作农业逐渐推广至南方地区，耕作技术与农具也因地制宜、适时改进，适用于南方水田生产的农具便如雨后春笋般蓬勃兴起，南方水田耕作体系应运而生。这一时期，代表南方水田耕作农具发展水平的有提水工具"水轮"、筒车、"机汲"，播种移栽用的"秧马"，中耕除草用的"耘荡"等。

（一）水田耕作体系[①]

唐宋时期，由水田的"耕—耙—耖"和旱作的"开垄作沟"组成的水田耕作体系逐步形成。耖，在耕、耙地后使用该农具可将

唐宋时期水田耕作场景

---

① 郭文韬：《略论中国古代南方水田耕作体系》，《中国农史》,1989 年第 3 期。

土弄得更细，使田泥平滑如镜。

明清时期，随着间套复种的发展，不耕而种的免耕播种法逐渐成为南方水田耕作体系不可分割的组成部分。

清代的落田耙

（二）水车的演进与定型

灌溉是农业生产中的重要环节，但是高地或离灌溉渠道及水源较远之地无法顺利实现灌溉，于是古人善用其智慧，发明了一种能引水灌溉的农具——水车。

春秋战国时期，桔槔（jié gāo）、辘轳等具有简单机械结构的提水工具开始普遍用于提水和灌田。

东汉时期，毕岚发明了提水效率更高的"翻车"；三国时期，马钧对"翻车"加以改进。

唐代出现了以水力为动力的"筒车"（原称"水轮"，南宋时改称"筒车"），配合水池和连筒可以使低水高送，功能更强，效率更高，大大节约了人力。

此后水车在形制方面并未产生较大变化，只在轮轴、动力方面有所改进，出现了卧轴式、立轴式水车，以及水力、畜力、风力水车。

桔槔使用图（一）

桔槔

桔槔使用图（二）

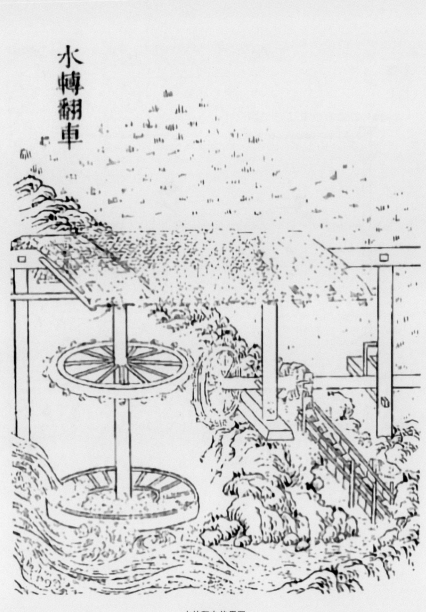

水转翻车使用图

人力翻车使用图

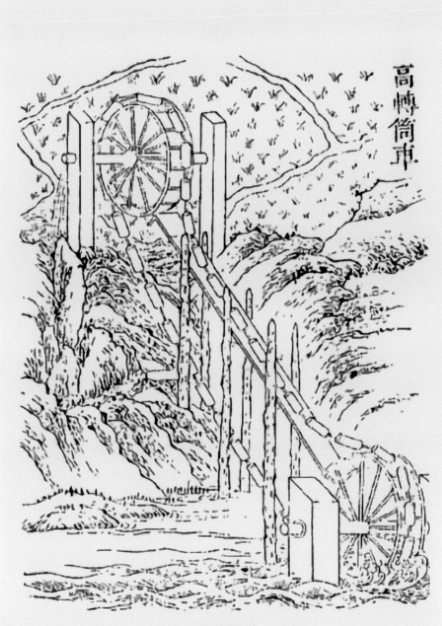

高转筒车

高转筒车使用图

知识拓展

翻　车

翻车又名龙骨水车，是旧时中国民间灌溉农田用的龙骨水车，也是世界上出现最早、流传最久远的农用水车。这是一种刮板式连续提水机械，是中国古代劳动人民发明的最著名的农业灌溉机械之一。龙骨叶板用作链条，卧于矩形长槽中，车身斜置于河边或池塘边。下链轮和车身一部分没入水中。驱动链轮，叶板就沿槽刮水上升，到长槽上端将水送出。如此连续循环，把水输送到需要之处。翻车可连续取水，功效大大提高，操作搬运方便，还可及时转移取水点，既可灌溉，亦可排涝。

（三）秧马

秧马是种植水稻时用于插秧和拔秧的工具，由家用四足凳演化而来，因使用时姿势如骑马而得名"秧马"，北宋时期广泛应用于我国南方水田耕作。

秧马外形似小船，头尾翘起，背面像瓦，供一人骑坐其腹，插秧时用手将放置于船头的秧苗插入田中，然后以双脚使秧马滑动；拔秧时用双手将秧苗拔起，捆缚成匝置于船尾。秧马的使用极大地提高了劳作效率，也减轻了劳动强度。

秧马使用图

三、农具理论的建立

农具的发明创造与改革演进凝聚着古代劳动人民的智慧，详细记录其发展演变的农书专著更是为后人追根溯源留下了实证资料。

（一）《齐民要术》——中国现存最早的一部完整的农书

《齐民要术》由北魏贾思勰著，是一部系统完整的农业科学著作。全书共 10 卷 92 篇，总结了 6 世纪以前黄河中下游地区劳动人民农牧

《齐民要术》书影

业的生产经验、食品的加工与贮藏、野生植物的利用，以及治荒的方法，详细介绍了季节、气候和不同土壤与不同农作物的关系，被誉为"中国古代农业百科全书"。

《耒耜经》书影

（二）《耒耜经》——中国最早的农具专著

《耒耜经》由唐代陆龟蒙著，是中国有史以来独一无二的专门论述农具的古农书经典著作。《耒耜经》共记述四种农具，其中对被誉为我国犁耕史上"里程碑"的唐代曲辕犁记述得最准确、最详细，是研究古代耕犁最

基本、最可靠的文献，历来受到国内外有关人士的重视。

（三）《王祯农书》——首次提出中国农学的传统体系

《王祯农书》由元代王祯著。全书共36卷，13万余字，分为"农桑通诀""百谷谱""农器图谱"三个部分。它兼论了当时中国北方农业技术和南方农业技术，是对当时农

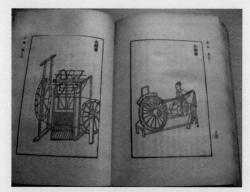

《王祯农书》书影

业生产技术的总结，在中国古代农学遗产中占有重要地位。

（四）《农政全书》——贯穿治国治民的"农政"思想

《农政全书》书影

《农政全书》由明代徐光启著。这是一部集前人农业科学之大成的著作。全书共60卷，50余万字，汇集了有关农作物的种植方法、各种农具制造及水利工程

等农业技术和农学理论知识，具有重要的科学价值。

（五）《天工开物》——世界上第一部关于农业和手工业生产的综合性著作

《天工开物》由明代宋应星著，是世界上第一部关于农业和

手工业生产的综合性著作，是一部综合性的科学技术著作。也有人称它是一部百科全书式的著作，外国学者则称它为"中国 17 世纪的工艺百科全书"。

《天工开物》书影

第四章　影响世界的中国农机

中国古代孕育了高度发达的农耕文明，发展出高水平的农业与手工业，凝聚古代劳动人民智慧的农机具正是发达农耕文明的极好例证。中国犁、耧车、水车及风谷车等先进农具对世界各地产生了深远影响，促进了全人类的共同进步。

一、影响世界的中国犁

当今世界各国制造出了几百种机引犁，而它们的主要结构、基本设计仍沿袭我国西汉木犁的基本原理。木犁一般分旱犁和水犁两种。旱犁的俗名为"箭犁"，粗大牢固，有一个形状为"箭"的构件，因此而得名；水犁的构造简单、轻便，俗名叫"独犁"。

早在公元前 6 世纪，中国的劳动人民就开始使用铁犁。带有壁的中国铁犁在公元 17 世纪时由荷兰海员带到荷兰。这些荷兰人受雇于英国人，任务是排去当时东英吉利沼泽和萨姆塞特高沼地的水。他们带去的中国犁后来被称为罗瑟拉姆犁。因此，荷兰人与英国人最先受益于高效的中国犁。中国犁还有一个别名，

影响世界的中国犁

叫作"杂牌荷兰犁"。中国犁在水田里特别有效，因而欧洲人很快认识到，它在一般土地上也一定很有效。这种犁从英格兰传到苏格兰，从荷兰传到美国和法国。到18世纪70年代，中国犁都是最便宜又最好的犁。西方人在其后的几十年间对中国犁进行了革新，詹姆斯·斯莫尔于1784年制出的犁比中国犁前进了一步，J. 艾伦·兰塞姆于19世纪制出的各种犁又做了进一步的改进。改进后的犁采用了钢框架，因此近代犁产生了。近代犁是对中国的犁进行多次改进的结果，也是推动欧洲农业革命发生的重要因素之一。

二、流传至今的风谷车

风谷车（又称扇车、风车、飏车等）是一种用来去除水稻、小麦等农作物籽实中杂质、瘪粒、秸秆屑等的古老木制农具。其基本构造是：顶部有一个梯形的入料仓，下面有一个漏斗出大米、麦

仁，侧面有一个小漏斗出细米、瘪粒，尾部出谷壳；木制的圆形大肚子里藏有一个叶轮，叶轮上带有木制的摇柄，手摇转动风叶以风扬谷物，转动速度越快产生的风也越大，反之亦然。

风谷车

　　中国的扬谷方法比西方领先大约 2000 年。古代劳动人民最原始的扬谷方法是选择有风的时机将谷粒抛入空中，这样糠秕被风吹走，而籽粒落到地上。后来又发明了簸箕，簸箕随着手腕有节奏地抖动，就能把糠秕与重的籽粒分开，即糠秕逐渐被簸到簸箕的前部边缘，而籽粒留在簸箕的后部。其后，又有了扬谷筛。直到公元前 2 世纪，人们发明了卓越的旋转式风谷车。之后不仅有手摇式旋转式风谷车，还有与曲柄相连的脚踏操作式旋转式风谷车，人们可以腾出手来同时干其他活。

　　旋转式风谷车于1700—1720年由荷兰船员带到欧洲。大约同时期，瑞典人直接从中国南方引进了这种风谷车。1720年左右，耶稣会传教士也从我国把几台风谷车带到了法国。可见，直到18世纪初，西方才有了风谷车。欧洲的工程师雷厉风行地对其进行了改进，使之适合于欧洲谷粒的大小，甚至将其与机器打谷结合起来。直至今日，旋转式风谷车仍在第三世界国家使用，因为它比欧洲现代的同类扬谷机便宜得多，而且更加实用。

风谷车工作原理

第五章　现代农业机械化萌芽

（鸦片战争至新中国成立前）

西方国家在两次工业革命后的生产力有了极大飞跃，逐渐由传统农业社会转变为现代工业社会。鸦片战争后，古老的中国被卷入资本主义市场，封建小农经济逐渐解体，开启了农业近代化历程。诸多仁人志士受西方文明影响，开始探索中国的现代农业机械化道路，翻译西方农机专著，引进西方农机设备，并开始在实践过程中提出因地制宜改良中国农具的理论方法。

一、时代先声

鸦片战争后，先进的知识分子开始冲破传统文化的束缚，放眼世界，学习西方先进文明，探索救国之路。他们广泛阅读西方专著，传播农业知识，为探索农业近代化发展的出路奠定了理论基础。

（一）著作翻译

清末，国内知识分子翻译出版了一批与农业直接相关的书籍。1877 年

中厤光绪二年春季
西厤一千八百七十六年春季
每季出印一卷
此卷三次排印

格致彙编

是編補續中西聞見錄
在上海格致書室發售
英國傅蘭雅輯

《格致汇编》书影

出版的《格致汇编》中的《农事略论》，较广泛地介绍了西方农学知识，其中包括土壤学、肥料学等农业化学知识和农业机械知识，以及西方组织农政公会推广农业科技、促进农业发展的经验等。

（二）创办《农学报》

1897年，由上海农学会主办的《农学报》（初名《农学》）在上海创刊，罗振玉任主编。《农学报》是我国最早传播农业科学知识的刊物，开辟了传播西方农业科技的园地。《农学报》发表了大量介绍近代农学的文章，包括《土壤学》《植物学》《森林学》《气候论》《除虫器》《论麦

罗振玉（1866—1940）

病害》《农学初阶》《农学入门》《农产制造学》《农具图说》等，对介绍国外发展农业的经验、普及近代农业科技知识、推动农业经济变革做出了重要贡献。

《农学报》书影

二、区域探索

理论知识的学习远不能满足当时中国人"救国图强"的雄心壮志，因此许多有志之士身先士卒，开展实践活动。

（一）引进农机设备

● 1880 年，天津有人在津郊开辟荒地五万亩，引进西方机器进行农业生产。

● 1897 年，浙江温州、福建福州引进制茶机进行机器制茶，浙江镇海引进抽水机进行机灌。

● 1898 年，南京张是保购买美国犁导农深耕；苏州范伟等招股购买外国机器，开垦九色荒田。

● 1898 年，江苏镇江绅董设自来水灌田公司，招集股本三万，购置小机器十余具。

农业试验、改良、推广机构建立情况[①]					
类型	农业科学试验机构		农业改良和技术推广机构		
时期	1898—1904年	1905—1908年	1897 年及以前	1898—1908年	1910 年
数目	7	6	2	26	1
分布地区	上海、淮安、保定、济南、内县、广东等	南京、贵州、束鹿县、沈阳、四川、北京	上海、长沙	瑞安、贵溪、海宁、东乡、进贤、如皋、咸阳、金匮、苏州、松江、无锡、淮安、杭、嘉、湖、宁、绍、兖、沂、曹、济、滋阳、信阳、阳谷、河南、保定	宁垣

---

① 参见罗振玉《农学报》、康有为《上清帝第二书》、张謇《请兴农会奏》、杜亚泉和胡愈之《东方杂志》、朱寿朋《光绪朝东华录》。

时期	1897年及以前				1898—1908年				1909—1910年
机具名称	缫丝机械、轧花机	碾米机、磨麦机、蔗糖机	农耕机械	制茶机、西乐果茶机	轧花机、弹花机、纺纱机、坐剿机、水力纺纱机、剿丝器	磨油机、踏碓、打米机	排水机、犁、风车、割草机、畜力农机、新式农机具、头曳犁、头曳再耕犁、杆犁、方形马耙、铁制弹齿马耙、刈麦器、刈草器、干草抚拌器、收集器、玉米播种器、脱粒器、干草切断器、截根器	台维生、培茶机、碾压制、茶叶制焙机	新式农用机具
使用地区	南海、上海	芜湖、福建、杭州	天津	温州、汉口	河北、高邮、杭州、绍兴、福建、海宁	河北、常州、无锡	扬州、江宁、江西、新安岭、德惠、山东、辽宁	汉口、皖南、福建、温州	海参崴、黑河省、黑龙江省

● 1907年，在黑龙江成立商办的瑞丰垦务公司，在纳谟尔河两岸用从外国购买的"火犁"（拖拉机）开垦荒地。这是拖拉机在中国境内最早的使用记载。

(二) 建设排灌工程，首创电力排灌

1924年，沈嗣芳在常州戚墅堰首创电力排灌。

1935年，福建长乐县莲柄港提水灌溉工程建成使用，是当时最著名的电力灌溉工程，由中国技术人员包揽设计施工，技术水平达世界一流，但抗战期间遭到破坏。

此后，江苏江宁县与首都电厂合办电力工程。广东新会、羽州、阳江、陆丰等地也都修建了电灌工程。抗战期间，西南地区建了一批提灌站，其中较大的是四川犍为清水溪工程。

---

① 参见《益闻录》66号、《南通县志·列传》、《农学报》、《满洲农业改造问题的研究》、《东方杂志》、《奉天农业试验场报告》。

（三）改进传统农机具设计

1.《改良农器法》

1933 年，唐志才撰写《改良农器法》一书，认为中国的传统农具与西洋农具各有优缺点，应该借鉴西洋农具改良中国农具，并提出许多新的做法。他指出，要引进大型农具，应该考虑到要有大面积土地才适宜；要注意对农具使用、维修人才的培养。

《改良农器法》书影

2.《中国农具改良问题》

1938—1945 年，西南联合大学教授刘仙洲曾对犁、水车、排水机等农具进行研究改良，并发表论文《中国农具改良问题》，对中国农具如何发展提出了自己的看法。

刘仙洲（1890—1975）

1946 年，他又专程到美国考察和研究农业机械，历时一年半。他从考察中得出见解：中国应首先偏重农业，将农业作为推动一切建设的基础。农业机械必须适合中国国情，与其模仿外国的大型机械，不如先对我国原有的畜力机械加以改善，即机械部分改进设计，动力部分仍用畜力，然后求其发展。

刘仙洲回国后，在中国工程师学会作了题为"农业机械与中国"的学术报告，并编写了 20 万字的教材《农业机械》，在清华大学农学机械系讲授。1956 年，他主持制定我国农业机械化电气化的长远规划，为我国农业科技事业发展奠定了基础。

三、农机高等教育萌芽

我国近代的高等教育是在西方列强坚船利炮的侵略下，迫于民族生存和自救，与民族资本主义性质的工商业一起发展起来的。从一开始，教育救国和实业救国的思想就交织在一起，许多有远见的知识分子认识到了教育的长远意义，因此为了促进农业近代化发展，农机高等教育应时而生。

（一）留美农机先驱

中国需要一批有创造力的农业工程师来改进所有的手工和畜力农具，并制造拖拉机，以特别满足东北、华北以及西北广大平原地区的需要。

——中华农学会会长邹秉文

1944 年 6 月在美国农业工程师学会年会上的演讲

1944 年，万国农具公司向中国教育部提供奖学金，美国爱荷华州立大学选派 4 名教授帮助中央大学和金陵大学建立农业工程系；同时公开招考公费留学生前往美国攻读农业工程硕士学位，但彼时国内并不了解农业工程专业，便以农业机械专业为名义招考。

经选拔，有 20 人赴美公费攻读农业工程硕士学位，另有 8 名大学毕业生被选派到美国、法国、比利时的大学学习农业工程和到农机公司进修实习。陶鼎来、曾德超、王万钧、水新元、吴克騳、陈绳祖、高良润、张德骏、李克佐、徐佩琮进入明尼苏达大学学习，吴相淦、吴起亚、李翰如、余友泰、崔引安、蔡传翰、张季高、何宪章、方正三、徐明光进入爱荷华州立大学学习。他们中的大部分人后来成为新中国农业工程高等教育和科学研究的骨干力量，为中国农机学科的发展做出了重大贡献。

1948 年 5 月留美学习农业工程的中国研究生在加利福尼亚州斯托克顿市合影（前排左起:张季高、吴克騳、张德骏、何宪章、吴相淦、蔡传翰、曾德超、陶鼎来、王万钧、吴起亚、李翰如；后排左起:水新元、李克佐、高良润、余友泰、3 位美国万国农具公司人员、方正三、徐明光、崔引安、陈绳祖）

知识拓展

陈衡哲先生对留美农机学子的期盼

陈衡哲（1890—1976），现代中国第一位女教授，中国现代文

陈衡哲 (1890—1976)

学史上第一位女作家。明尼苏达大学的中国留美农机学子在毕业前夕，在波士顿见到了到哈佛大学讲学的陈衡哲先生。在她的鼓励下，这批学习农业工程的中国留学生联名写了一篇题为《为中国的农业试探一条出路（刍议)》的文章，经陈衡哲先生推荐，1947 年 9 月 13 日发表在上海储安平先生主编的《观察》杂志第三卷第三期上，陈先生特为这篇文章写下《写在〈为中国的农业试探一条出路〉的前面》一文。

《为中国的农业试探一条出路（刍议)》一文阐述了知识分子与工农结合才有出路，要发展农业机械化和乡镇企业才能振兴中国农业的理念，几位作者表达了愿为此而终生奋斗的意愿。陈先生所写的文章则谈到了对中国青年的殷切期望。她写道："约一个月前，有五位中国来的留学生来看我。他们是政府派来现在在美国的中西部专学农业工程的。我和他们谈了两点半钟。我发现他们都是有诚意、有理想的热血青年，而且也有苦干的精神。在现有的留美学界中，像这样的青年是不常遇见的，我感到无比的兴奋与安慰。但他们都感到苦闷，感到没有出路。他们要回去，他们不能为一己的安适而流连在此，像许多学成的中国学生一样。但回去之后怎么办呢？他们不愿意做官，他们也不愿教书，因为他们已经有了一个确定的企愿，那便是：用实际工作的方法，去改善中国农民的生活。我又发现他们所崇拜的，是李仪祉和范旭东先生一类的人物。因此，我相信他们的眼光与步骤都是不错的。

我对他们说：我一定尽力给你们以道德上的支持，我也有一点建议，我希望你们趁尚在读书的时候先团结起来，做一种团队生活的联系。他们说：我们已经实行了，我们一共二十余人，我们每两个星期聚会一次，来讨论各种问题。我说：好极了。有一位说：但现在我们怎样保持团队精神呢？又怎能使我们每一个人，将来都不为名利所诱呢？我说：古人说'君子和而不同'，我希望你们对于他人，要尽量容忍私生活的不同；而对于自己，又须尽量忘记小我，以贡献于大我。至于保持团队与防备腐化，我想，最好事先把那领袖欲扑灭了，而把事业与真理作为终身努力的引路灯。"

(二) 中国最早的农机专业

1922 年，金陵大学开办农业专修科。

1932 年，金陵大学开设农具学课程。

1945 年，中央大学设农业机械组并招收第一届农机专业学生，这是中国最早出现的农机专业。

1949 年南京大学（前身为国立中央大学）第一届农业工程系毕业班师生在丁家桥原校园内合影

志士呼吁

人少即田荒，田荒即米绌，必有受其饥者，是宜以西人耕具济之。或用马，或用火轮机，一人可耕百亩。

——冯桂芬《校邠庐抗议》一书的《筹国用议》

自古深耕易耨，皆借牛马之劳，乃近世制器日精，多以器代牛马之用，以其费力少而成功多也。

——孙中山《上李鸿章书》

外国讲求树艺，城邑聚落皆有农学会，察土质，辨物宜，入会则自百谷、花木、果蔬、牛羊牧畜，皆比其优劣，而旌其异等，田样各等，机车各式，农夫人人可以讲求。鸟粪可以肥培壅，电气可以速长成，沸汤可以暖地脉，玻罩可以御寒气。刈禾则一人可兼数百工，播种则一日可以三百亩。

——康有为《公车上书》

追寻历史　溯源农机

第二篇

时代变革　兴盛农机

新中国农机文化亮点纷呈

伴随着新中国的成立，中国农业机械化开启了新的纪元。新中国成立以来，历代党和国家领导人高度重视农机发展，我国农机事业探索前进，开拓创新，取得了多方面的成就和历史性的进步。经过多年的艰苦奋斗，我国建立起了较完善的农业机械的管理、制造、流通、科研、教育、应用等体系，成为农机生产与应用的世界第一大国。如今，站在历史与未来交汇点的广大农机工作者，时刻不忘农机人的初心，正努力贯彻落实习近平总书记"大力推进农业机械化、智能化，给农业现代化插上科技的翅膀"的指示精神，继续践行农机人的光荣使命。

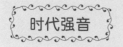

时代强音

（一）毛泽东

1959 年，毛泽东在《党内通信》中提出"农业的根本出路在于机械化"。1962 年，在八届十中全会上，他重申"我们党在农业问题的根本路线是，第一步实现农业集体化，第二步是在农业集体化基础上实现农业机械化和电气化"。从此，中国广袤的大地上，悠久的农耕方式开始变革，古老的农耕文化开始孕育新的希望。

（二）邓小平

1978 年，党的十一届三中全会胜利召开，吹响了改革开放的号角，农村实行家庭联产承包责任制，大大提高了农民生产积极性，粮食产量迅速增加。随着农村经济体制改革的逐步深化和农业产业化的发展，邓小平在《关于农村政策问题》中提出，要发展"适合当地自然条件和经济情况的、受到人们欢迎的农业机械化"。

（三）江泽民

国以民为本，民以食为天。江泽民在中央农村工作会议上肯定了我国农业连续几年丰收，强调农业是稳民心、安天下的战略产业。

（四）胡锦涛

2004 年 6 月，胡锦涛签署第十六号主席令，通过《中华人民共和国农业机械化促进法》，出台了农机购置补贴政策，并于 11 月 1 日正式施行。此后，连续多个中央 1 号文件均涉及农业机械化发展问题，我国农业机械化发展全面进入有法可依、依法管理、依法促进的新时期。此后十年，我国农业机械化提速换挡，创造出令世界惊叹的中国农机速度，中国一跃成为全球农机制造和使用的第一大国。

（五）习近平

党的十九大提出实施乡村振兴战略，农业机械化是实施乡村振兴战略的重要支撑。2018 年 12 月，习近平指出，要大力推进农业机械化、智能化，给农业现代化插上科技的翅膀。国家出台了一系列政策措施，推动农机装备产业向高质量发展转型，推动农业机械化向全程全面高质高效升级。

第六章　农机高等教育

中国的现代农机高等教育始于 1932 年南京金陵大学农学院开设的农具学课程。1959 年毛泽东提出"农业的根本出路在于机械化"的著名论断，中国农机高等教育随之迅速发展。中国农机高等教育实施学习国外经验、完善学科架构、建立学位授予制度等举措逐步提高教学水平，为中国培养了大批农机化人才。新时代、新发展，中国农机高等教育承载使命、砥砺前行，正向着世界一流水平的发展目标迈进。

一、建立高校体系

1952 年，中央教育部以"培养工业建设人才和师资为重点，发展专门学院和专科学校，整顿和加强综合大学"为指导原则，在全国范围内进行了高校院系调整，农业工程系一律改为农业机械化系，农业机械专业按农业机械化和农机设计制造两个方向设置，掀起农机高校建设的浪潮。

（一）农机高校建设浪潮

> **农业机械部直属院校：**
>
> 北京农业机械化学院（1953 年，北京）
>
> 安徽工学院（1958 年，合肥）
>
> 湖北农业机械专科学校（1958 年，武汉）
>
> 内蒙古工学院（1958 年，呼和浩特）
>
> 洛阳农业机械学院（1960 年，洛阳）
>
> 镇江农业机械学院（1961 年，镇江）①

---

① 中国农业机械学会、江苏大学：《亲历农机化——中国农机化发展历程》，镇江：江苏大学出版社，2019 年，第 127 页。

1952 年北京机械化农业学院成立，图为当时的学校大门

1953 年北京机械化农业学院更名为北京农业机械化学院

其他农机院校：

西北农学院（1938 年，西安）

东北农学院（1948 年，哈尔滨）

西南农学院（1950 年，重庆）

华南农学院（1952 年，广州）

华中农学院（1952 年，武汉）

南京农学院（1952 年，南京）

沈阳农学院（1952 年，沈阳）

浙江农学院（1952 年，杭州）

长春汽车拖拉机学院（1954 年，长春）

山东农业机械化学院（1958 年，济南）

武汉工学院（1958 年，武汉）

四川农业机械学院（1960 年，成都）

……

（二）学习苏联办学经验

新中国成立初期，我国聘请了苏联优秀的专家和学者承担教学工作，传授先进技术、经验及科研成果，同时也派遣留学生到苏联学习与实习。

1. 引进苏联专家

1952 年，我国参照苏联高校培养体系组建北京机械化农业学院（1953 年更名为北京农业机械化学院），同时扩充东北农学院、南京农学院的农机专业，并在全国范围内组建农学院，新设农机专业。各大高校全面学习苏联经验，采用苏联教材和教学大纲，聘请苏联专家指导教学。苏联专家特鲁伯尼柯夫、乌里扬诺夫、格罗别茨和安吉波夫等在北京农业机械化学院担任顾问与从事教学工作。东北农学院共聘请11位苏联专家任教，克利沃也夫、特列奇亚托夫和安其波夫3位农机专家先后担任院长顾问。

1953年春，苏联莫斯科莫洛托夫农业机械化电气化学院副教授特鲁伯尼柯夫、农业机械专家乌里扬诺夫和运用专家格罗别茨、修理专家安吉波夫、农业电气化院士布茨柯、农业电气化专家布鲁佐夫曾在北京农业机械化学院工作或短期讲学培训。

1956年，南京工学院聘请了第一位外国农机专家——苏联罗斯托夫农业机械学院副教授、科学技术副博士尼古拉也夫指导农业专业研究生。

1953年苏联机器运用专家帕·德·特列契亚阔夫（右）给东北农学院进修班学生辅导答疑

2. 派遣学子留苏

1951—1962年，约有1.1万名中国大学生和研究生赴苏学习，农业系统选派的留学生多侧重农机专业，32个专业的大学生中农

机专业人数占 18%，28 个专业的研究生、实习生中农机专业人数
占 10%。

他们学成回国后，成为农机科研、教育和生产的骨干力量，其
中更是诞生了诸多院士，为中国农业机械化事业做出了重要贡献。

1959 年汪懋华在莫斯科农业机械化电气化学院电能应用教研室与
教研室主任纳扎洛夫院士（前排居中）合影

二、完善学科架构

新中国成立以来，中国农机高等教育经历了诸多变化，从学苏
联、学欧美到扎根中国大地、创办一流学科，农机学科历经多轮调
整，不断完善，发展成为如今的农业工程专业，为农业生产、农民

生活服务。目前我国农业工程学科已逐步形成中专、大专、本科、硕士、博士等多层次的人才培养体系。

（一）农业工程学科初具雏形

（1）1932年，美国康奈尔大学农业工程硕士林查理（C. H. Riggs）在南京金陵大学开设"农具与农艺"和"机器与动力"两门课程，并将"农具与农艺"确定为农学院学生的必修课，这可以视为农业工程学科在中国的萌芽。

（2）1948年和1949年，南京中央大学和金陵大学相继设立了农业工程系，1952年全国院系调整时南京大学农学院与金陵大学农学院合并建立南京农学院，农业工程系更名为农业机械化系。

（3）1934年、1959年，毛泽东同志先后提出"水利是农业的命脉""农业的根本出路在于机械化"，将农业水利化和机械化放在非常重要的地位。在借鉴苏联经验的基础上，我国相继在一些农业院校设立了农业机械化、农业水利化和农业电气化专业。

（4）1978年，中国农业工程学会筹备成立，1979年大会召开，会上强调指出：农业基本建设离不开农业工程技术，没有农业工程技术的发展就谈不上农业现代化。一批农业大学的农业机械系相继改名为农业工程系（学院），标志着中国农业工程事业开始了全新的发展阶段。

（二）农业工程学科日趋完善

改革开放以后，我国高等教育取得很大发展，农业工程学科体系也日趋完善。

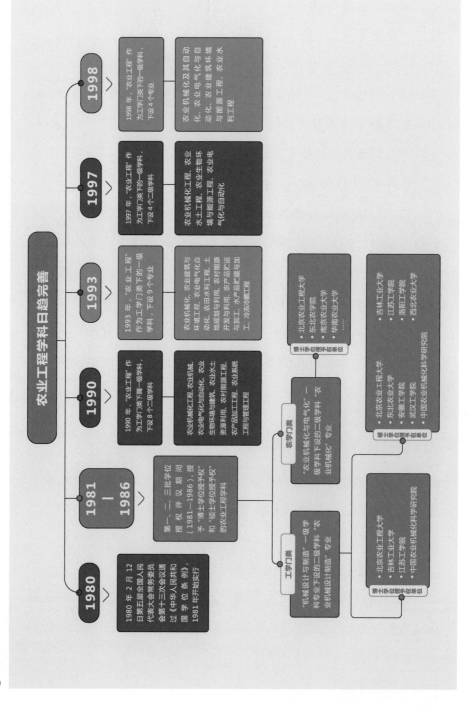

农业工程学科日趋完善

1980
1980 年 2 月 12 日第五届全国人民代表大会常务委员会第十三次会议通过《中华人民共和国学位条例》，1981 年开始实行

1981—1986
第一、二、三批学位授权评议期同授权（1981—1986），授予"博士学位授予权"和"硕士学位授予权"的农业工程学科

工学门类
"机械设计与制造"一级学科下设的二级学科"农业机械设计制造"专业

农学门类
"农业机械化与电气化"一级学科下设的二级学科"农业机械化"专业

1990
1990 年，"农业工程"作为工学门类下属一级学科，下设 8 个二级专业

农业机械化工程、农业机械、农业电气化与自动化、农业水土工程、农村建筑、生物资源利用、农村能源资源利用、农产品加工工程、农业系统工程与管理工程

1993
1993 年，"农业工程"作为工学门类下属的一级学科，下设 9 个专业

农业机械化、农业建筑与环境工程、农业电气化与自动化、农业水利工程、土地规划与利用、农村能源开发与利用、农产品贮运与加工、水产品贮藏加工、冷冻冷藏工程

1997
1997 年，"农业工程"作为工学门类下的一级学科，下设 4 个二级学科

农业机械化工程、农业水土工程、农业生物环境与能源工程、农业电气化与自动化

1998
1998 年，"农业工程"作为工学门类下的一级学科，下设 4 个专业

农业机械化及其自动化、农业电气化与自动化、农业建筑环境与能源工程、农业水利工程

博士学位授予权单位
· 北京农业工程大学
· 东北农业大学
· 南京农业大学
· 华南农业大学
· 吉林工业大学
· 江苏理工学院
· 洛阳工学院
· 西北农业大学
……

硕士学位授予权单位
· 北京农业工程大学
· 东北农业大学
· 安徽工学院
· 武汉工学院
· 中国农业机械化科学研究院

博士学位授予权单位
· 北京农业工程大学
· 吉林工业大学
· 江苏理工学院
· 中国农业机械化科学研究院

（三）2018 年全国农业工程学科点

2018 年全国农业工程学科点详情

级别	学科	单位
一级学科博士 学位授权点	农业工程	中国农业大学、山东农业大学、河北农业大学、河南农业大学、山西农业大学、华中农业大学、内蒙古农业大学、湖南农业大学、沈阳农业大学、华南农业大学、吉林大学、西南大学、黑龙江八一农垦大学、西安理工大学、东北农业大学、西北农林科技大学、河海大学、甘肃农业大学、江苏大学、新疆农业大学、南京农业大学、石河子大学、浙江大学、扬州大学、福建农林大学、中国农业科学院、山东理工大学
二级学科博士 学位授权点	农业生物环境 与能源工程	云南师范大学
一级学科硕士 学位授权点	农业工程	天津农学院、青岛农业大学、河北工程大学、河南科技大学、华北水利水电大学、四川农业大学、大连海洋大学、昆明理工大学、吉林农业大学、云南农业大学、佳木斯大学、云南师范大学、安徽农业大学、塔里木大学、江西农业大学、仲恺农业工程学院
二级学科硕士 学位授权点	农业生物环境 与能源工程	北京林业大学
	农业机械化 工程	华北电力大学、东北林业大学
	农业电气化 与自动化	太原科技大学、东北林业大学、南京林业大学、海南大学、中国农业机械化科学研究院
	农业水土工程	太原理工大学、四川大学、宁夏大学

三、走向世界一流

中国特色社会主义进入新的历史时期，国家更加注重农机自主创新能力的提升，着力推动教育、行业和企业高质量发展。随着国家大力发展农机高等教育，着力推进"双一流"建设，农机高等教育进入高质量内涵式发展阶段。教育部提出落实高等学校乡村振兴科技创新行动计划，农业机械高等教育站在新的历史起点上向更广领域、更高水平发展。

（一）奋斗新征程

2017 年 9 月，教育部、财政部、国家发展和改革委员会联合发布《关于公布世界一流大学和一流学科建设高校及建设学科名单的通知》，正式公布世界一流大学和一流学科建设高校及建设学科名单。其中，中国农业大学和浙江大学两所高校的农业工程学科进入国家一流学科行列。

（二）开启新篇章

2019 年 4 月，教育部实施一流本科专业"双万计划"，建设 1 万个左右国家级一流本科专业建设点和 1 万个左右省级一流本科专业建设点。其中，江苏大学"农业电气化""农业机械化及其自动化"专业获批国家级一流本科专业建设点。

四、承载使命的江苏大学农机学科

1961 年，镇江农业机械学院（江苏大学前身）为响应毛泽东同志"农业的根本出路在于机械化"的重要指示而创建，后又成为我国首批以推动农业机械化为使命而设立的全国重点大学。一路走来，一代代"江大人"始终坚持服务我国农业机械化办学使命，形成了国内实力强劲的农业装备学科群，涵盖大田农业机械、设施农业装备、节水灌溉装备、农产品加工装备、农业信息化、农机制造、农机材料等领域。

（一）应时而生

涉农本科专业发展历史沿革图如下所示。

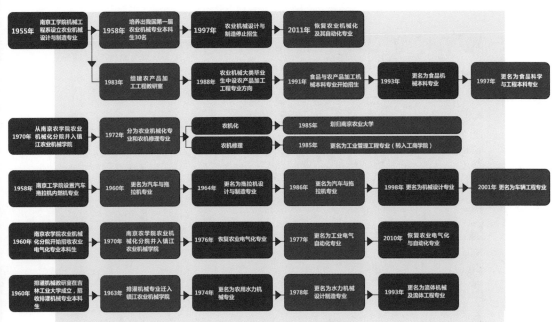

| 1955年 南京工学院机械工程系设立农业机械设计与制造专业 | → | 1958年 培养出我国第一届农业机械专业本科生30名 | → | 1997年 农业机械设计与制造停止招生 | → | 2011年 恢复农业机械化及其自动化专业 |

| 1983年 组建农产品加工工程教研室 | → | 1988年 农业机械大类毕业生中设农产品加工工程专业方向 | → | 1991年 食品与农产品加工机械本科专业开始招生 | → | 1993年 更名为食品机械本科专业 | → | 1997年 更名为食品科学与工程本科专业 |

| 1970年 从南京农学院农业机械化分院并入镇江农业机械学院 | → | 1972年 分为农业机械化专业和农机修理专业 | → 农机化 → | 1985年 划归南京农业大学 |
| | | | → 农机修理 → | 1985年 更名为工业管理工程专业（转入工商学院） |

| 1958年 南京工学院设置汽车拖拉机内燃机专业 | → | 1960年 更名为汽车与拖拉机专业 | → | 1964年 更名为拖拉机设计与制造专业 | → | 1986年 更名为汽车与拖拉机专业 | → | 1998年 更名为机械设计专业 | → | 2001年 更名为车辆工程专业 |

| 1960年 南京农学院农业机械化分院开始招收农业电气化专业本科生 | → | 1970年 南京农学院农业机械化分院并入镇江农业机械学院 | → | 1976年 恢复农业电气化专业 | → | 1977年 更名为工业电气自动化专业 | → | 2010年 恢复农业电气化与自动化专业 |

| 1960年 排灌机械教研室在吉林工业大学成立，招收排灌机械专业本科生 | → | 1963年 排灌机械专业迁入镇江农业机械学院 | → | 1974年 更名为农用水力机械专业 | → | 1978年 更名为水力机械设计制造专业 | → | 1993年 更名为流体机械及流体工程专业 |

涉农本科专业发展历史沿革图

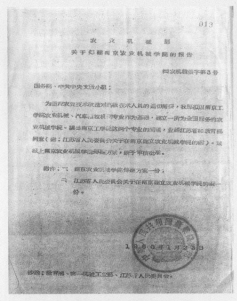

筹建南京农业机械学院文件

更名为镇江农业机械学院文件

镇江农业机械学院时期学校大门

江苏工学院时期校园一角

江苏理工大学时期学校大门

2001-XZ11-3

中华人民共和国教育部

教发函〔2001〕205号

教育部关于同意江苏理工大学、镇江医学院、镇江师范专科学校合并组建江苏大学的通知

江苏省人民政府：

《江苏省人民政府关于请江苏理工大学镇江医学院镇江师范专科学校合并组建江苏大学的函》（苏政函〔2001〕14号）收悉。

根据《高等教育法》和《普通高等学校设置暂行条例》的有关规定以及高等教育管理体制改革和布局结构调整的有关精神，经研究，同意江苏理工大学、镇江医学院和镇江师范专科学校合并组建一所新的多科性大学，校名为江苏大学，同时撤消原三校建制，现将有关事项通知如下：

一、新组建的江苏大学系本科层次的普通高等学校，其中，镇江师范专科学校作为江苏大学的专科部，继续举办专科层次教育。

二、该校全日制在校生规模暂定为18000人。

三、该校现有专业结构调整和增设本科专业，应按我部有关规

定办理。

四、该校由你省领导和管理，学校发展所需经费由你省统筹解决。

望你省加强对该校的领导和管理，尽快实现三校实质性合并，加大投资力度，加快学校的总体规划和建设，引导学校深化内部管理体制改革和教学改革，努力提高教育质量、科研水平和办学效益，为江苏省的经济建设和社会进步作出贡献。

主题词：高校 调整 通知

抄 送：江苏省教育厅、财政厅
部内发送：有关部领导、办公厅、人事司、财务司、高教司、学生司、科技司、学位办

教育部办公厅　　　　　　　　　2001年8月3日印发

2001年教育部关于同意江苏理工大学、镇江医学院、镇江师范专科学校合并组建江苏大学的通知

（二）办学引领

江苏大学不忘初心、牢记使命，始终围绕农机打造学科品牌，增强办学实力，在农机领域人才培养、科技创新、社会服务和国际交流等方面创造了多项"共和国第一"。此外，依托学科建设的优势，江苏大学发起并精心组织全国大学生智能农业装备创新大赛，提升学生的创新实践能力和专业素养。

涉农研究生培养和学科建设历史沿革图如下所示。

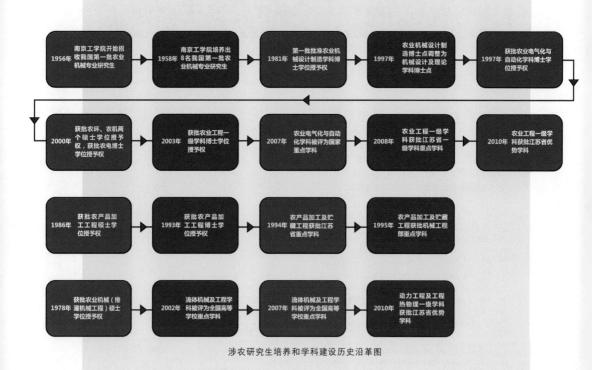

涉农研究生培养和学科建设历史沿革图

（三）奠定农机教学理论

江苏大学自建校初，就高度重视教材的编写工作。在随后的发展历程中，学校教师出版了一批具有一定影响力的高水平教材，为学校教学水平的提高奠定了坚实的基础。

（1）1949年，吴相淦（后为镇江农机学院教授）的《农业机械学》问世。这是我国最早的农业机械著作，奠定了农业机械学科的基石。

吴相淦教授在执教50周年纪念活动上的留影（前排右三为吴相淦教授）

（2）1960年，镇江农机学院（江苏大学前身）教研室全体教师集体编写出中国第一部农机专业课讲义——《农业机械理论》和《构造和计算》（上、中、下）。

（3）1961—1966年，镇江农机学院教师编写了一系列教学文件：农机教学大纲（由农机部审定印发到全国，各校参照执行）、农机课程设计指导书、农机试验及习题集、农机设计参考资料（图、表、数据等），以及农机专业的毕业设计指导书。

（4）1961年，镇江农机学院教师主编的《农业机械理论及设计》《农业机械制造工艺学》《农业基础》《拖拉机构造、理论与设计》《汽车拖拉机运用基础》首批五本教材公开出版，为我国农机、拖拉机专业的教材建设做出了贡献。其中《农业机械理论及设计》的出版，实现了我国农业机械设计理论专业教科书从无到有的突破。

（5）1973年，镇江农业机械学院编写的实用工具书《农机手册》由上海人民出版社出版。

（6）1981年2月，镇江农业机械学院主编的《农业机械学》（上、下册）出版。1987年11月，《农业机械学》修订版（第2版）出版，署名单位改为江苏工学院，上册主编为桑正中，下册主编为吴守一，农机教研室部分教师参加了教材的修改编写。该教材被日本

《农业机械学》书影

学者翻译成日文，作为大学教材使用。1992年，《农业机械学》（上、下册）获国家教委第二届普通学校优秀教材、全国优秀教材奖，机电部第二届全国高等学校机电类专业优秀教材一等奖。

镇江农机学院分别在 1982 年、1984 年、1986 年组织召开第一、二、三次全国《农业机械学》教学研讨会，对推动《农业机械学》的广泛应用和确立学校在同类高校中的领先地位都起到了极其重要的作用

1982 年第一次全国农业机械学教学研讨会在镇江农机学院召开，《农业机械学》教材被评为"全国优秀教材"，为全国同类高校广泛采用，图为此次教学研讨会上的合影

《农业机械学》（上册）书影

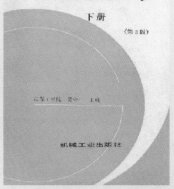

《农业机械学》（下册）书影

（7）1988年，宫镇教授主编了国内第一部关于拖拉机噪声控制的专门教材《拖拉机噪声》。

（8）2016年，江苏大学出版了我国第一部关于食品物理加工的论著《食品物理加工技术及装备发展战略研究》（科学出版社），之后又主编出版了 *Advances in Food Physical Processing Technology*（Zhejiang University Press）、*Advances in Food Processing Technology*（Springer Nature Singapore Pte Ltd. and Zhejiang University Press）、《食品物理加工学》（江苏大学出版社）等三部论著，有力地推动了我国食品物理加工技术及装备的科学研究与学科建设。

《拖拉机噪声》书影

（9）之后，《农产品加工》《农机制造工艺学》《农业物料特性》《拖拉机理论》《金属学及热处理》《内燃机构造》《内燃机学》《内燃机燃料供给与调节》等专业教材相继出版。

（四）培养高等农机人才

江苏大学砥砺奋进，为我国培养了大量农机专业人才，从这里走出了我国第一批农机本科生、农机硕士生、农机博士生，为国家输送了近9万名农机装备人才，全国农机龙头企业管理人员中超过三分之一来自江苏大学。

1．第一批"农机本科、硕士"

1956年，南京工学院聘请了第一位外国农机专家——苏联罗斯托夫农业机械学院副教授、科学技术副博士尼古拉也夫。尼古拉也夫指导建设了我国第一个农机设计制造的研究生班，指导了8名全国第一批农机专业研究生。

全国第一批农机专业研究生与老师合影

1964 年，镇江农业机械学院开始自行招收研究生，当年招收的 2 名硕士研究生是为我国农机事业自行培养的第一届硕士生。

2. 第一位"农机博士"

1981 年，中国开始实行学位制度，农业机械化与电气化为一级学科，北京农业机械化学院、中国农业机械化科学研究院、镇江农业机械学院（江苏大学前身）、吉林工业大学 4 所高校的农业机械设计制造学科获全国首批博士和硕士学位授予权。

1985 年，江苏工学院（江苏大学前身）为我国自行培养的第一位农业机械设计制造学科博士张际先通过答辩，其导师为钱定华教授和高良润教授。

我国第一位农业机械设计制造学科博士张际先参加毕业论文答辩

3. 发起"全国大学生智能农业装备创新大赛"

依托学科建设的优势，江苏大学发起并精心组织全国大学生智能农业装备创新大赛，提升学生创新实践能力和专业素养。该赛事是我国农业机械专业第一个也是目前唯一一个国家级赛事。

第一届全国大学生智能农业装备创新大赛

（五）开展国际合作

作为我国农机教育国际交流的先行者，江苏大学坚持国际开放战略，不断提升国际合作与交流水平，先后打造了一批国际科研合作平台，积极开展国际联合攻关和协同创新。

1. 开办涉外农机培训班

1980年，镇江农机学院（江苏大学前身）受联合国工业发展组织和亚太农机网委托首次在国内开设农机培训班，开启了农机教育培训国际输出的先河。此后共举办了15期农机培训班，为34个国家培训了高级农机管理人员和专家，为国际培训班编写了13本教材、7份设计指导书和参考资料、7本实验和工厂实习指导书。

1980 年 9 月至 11 月，镇江农业机械学院举办亚太农机网第一期农机
培训班，图为开学典礼

亚太农机网第一期农机培训班毕业典礼

亚太农机网第一期农机培训班学员和老师合影

1983 年 8 月，联合国工发组织农机培训班在江苏工学院举行，图为第一期的开学典礼

1983 年 10 月，联合国工发组织农机培训班学员进行田间实习，操作收割机

联合国工发组织农机培训班学员正在接受实践培训

2. 成立农业装备国际（产能）合作联盟

2018 年，江苏大学牵头发起成立农业装备国际（产能）合作联盟，以"引领农装产业创新，服务一带一路发展"为宗旨，整合联盟成员优势资源，构建"产、学、研"国际创新平台和跨区域合作平台，促进政策沟通、人才交流、信息联通、产品展示、资金融通、产业协同，共同促进"一带一路"沿线国家农业装备行业发展。

江苏大学牵头发起成立农业装备国际（产能）合作联盟，图为启动仪式现场

3. 成立农业工程大学国际联盟

2019 年，江苏大学联合美国、加拿大、英国、法国、日本、俄罗斯等 17 个国家和地区的 32 所高校共同成立了农业工程大学国际联盟，江苏大学当选为首届理事长单位。

农业工程大学国际联盟成立

4. 成立未来技术研究生院

江苏大学克兰菲尔德未来技术研究生院是教育部批准设立的研究生教育层次中外合作办学机构，由江苏大学与英国克兰菲尔德大学共同举办，设置农业工程、机械工程、材料科学与工程、环境工程、能源与动力工程、工程管理等硕士及博士项目，引进国外优质教育资源，旨在培养高层次复合型国际化人才，推进学科建设，增强学校的国际影响力。

江苏大学克兰菲尔德未来技术研究生院揭牌仪式

（六）打造涉农学科链

江苏大学围绕"涉农基因"开展学科梳理，整合优质学科资源，突出涉农特色研究方向，打造了一条贯彻涉农主线的学科链。

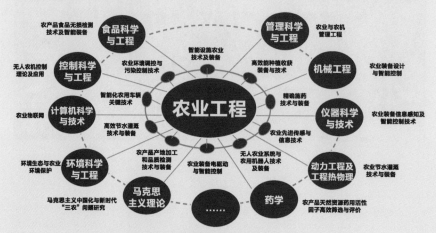

江苏大学构建以农业工程学科为中心、其他学科共同支撑的学科链

2017 年，江苏大学整合校内外农业装备优质创新资源成立农业装备学部

2020 年，江苏大学以农业装备工程学院、农业工程研究院为基础组建农业工程学院

2020年，江苏大学成立农业工程与信息技术研究院、经济作物机械化研究院、智能农业研究院、收获装备研究院、田间管理装备研究院，开展研究院建设方案论证

江苏大学中国农机装备产业发展研究院揭牌仪式

（七）启动实施"095工程"

2020年7月，习近平总书记对江苏大学去信作出重要批示，为学校未来发展提供了根本遵循。2020年9月，为深入学习贯彻落实习近平总书记对学校重要批示以及给全国涉农高校书记校长和专家代表的回信精神，江苏大学启动实施"095工程"。

1. 总体目标

（1）短期目标（1年时间）

● 实现教育部、农业农村部和江苏省共建江苏大学。

● 农业工程学科进入我国世界一流学科建设序列。

● 工程学和农业科学进入全球前1‰。

● 新增1~2个涉农国家一流本科专业，新增1~2项涉农国家级课程、教材。

● 获批现代农业装备与技术省部共建协同创新中心、农业农村部智能农业装备重点实验室，新研制出我国现代农机首台（套）装备。

● 新增涉农国家级人才2~4名，国家级人才团队实现突破。

● 建成中国农机文化展示馆和中国农机产业基本信息数据库。

（2）中期目标（2023年）

● 农业工程学科在第五轮学科评估中"保三争二"。

● 食品科学与工程、动力工程及工程热物理、机械工程学科中力争有1个学科获评A类等级。

● 汇聚高层次人才和团队。

● 一流本科教学成果获批数量在全国同类高校中名列前茅。

● 获批高端智能农机装备理论与技术省部共建国家重点实验室，建成中国农机装备国际创新中心。

● 中国农机装备产业发展研究院成为国家级智库。

● 农业工程大学国际联盟、农机装备国际（产能）合作联盟等国际平台影响力不断加大，赞比亚江苏大学建成运行。

2．重点任务

"095工程"六项重点任务如下：

● 实施现代农业装备与技术—流学科创建行动。

● 实施"新农科""新工科"融合建设与知农爱农人才培养行动。

● 实施强农兴农科技创新优势打造行动。

● 实施"涉农"高层次人才引育行动。

● 实施知农爱农文化建设及农机产业智库建设行动。

●实施农机教育国际交流合作行动。

2020 年 9 月，江苏大学召开进一步贯彻落实习近平给全国涉农高校的书记校长和专家代表的回信暨对学校重要批示精神大会

(八) 文化建设

1. 时任国务院总理李鹏为江苏理工大学 (江苏大学前身) 题词

1994 年，时任国务院总理李鹏为江苏理工大学 (江苏大学前身) 题词——"发展教育 振兴农业"。

2．中国工程院院士参与启动"中国农机文化展示馆"建设

2019年，江苏大学举行中国农机文化展示馆建设启动仪式。该馆由江苏大学承建，学校以建馆为契机，全方位还原中国波澜壮阔的农机文化发展过程，挖掘农机发展背后蕴藏的精神文化内涵，强化农机人的使命感与自豪感，为中国农机事业发展贡献力量。

2019年，中国工程院院士汪懋华、罗锡文、陈学庚、赵春江参加"中国农机文化展示馆"建设启动仪式

3．举办耒耜国际学术会议

在2019年成功举办"落实习近平总书记'大力推进农业机械化、智能化'重要论述暨纪念毛泽东主席'农业的根本出路在于机械化'著名论断发表60周年报告会"的基础上，江苏大学将创始于2018年的"耒耜论坛暨农业工程学科建设及产业发展研讨会"升格为"耒耜国际论坛"，定于每年4月29日举办。为了打造农机领域高水平国际学术交流新平台，共同为我国农机事业高质量发展建言献策，2021年"耒耜国际论坛"更名为"耒耜国际学术会议"。

2018年，举办未耜论坛暨农业工程学科建设
及产业发展研讨会

2020年，举办未耜国际论坛

4. 举办"金山食品物理加工论坛"

2014年，在科技部农村中心和中国食品科学技术学会的支持下，江苏大学创办了年会制的"金山食品物理加工论坛"。该论坛得到国内外学术界和产业界同行的高度关注，为食品物理加工技术的学术交流发挥了重要的促进作用。

2018年，举办第五届"金山食品物理加工高端论坛"

5. 主编《亲历农机化——中国农机化发展历程》

2018年，为深入贯彻和落实习近平"大力推进农业机械化、智能化，给农业现代化插上科技的翅膀"重要指示精神，再次重温和认识毛泽东"农业的根本出路在于机械化"著名论断 60 年来的指导意义，中国农业机械学会等有关单位联合征集相关文章及照片，最终由江苏大学与中国农业机械学会整理出版《亲历农机化——中国农机化发展历程》。该书入选"江苏省庆祝中华人民共和国成立 70 周年主题出版物"。

中国农业机械学会、江苏大学主编《亲历农机化——中国农机化发展历程》书影

2019 年，江苏大学举办落实习近平总书记"大力推进农业机械化、智能化"重要论述暨纪念毛泽东主席"农业的根本出路在于机械化"著名论断发表 60 周年报告会

（九）桃李芬芳

江苏大学着力完善农机人才培养体系，相继恢复农业机械化工程、农业电气化与自动化本科专业。2019 年，本科招生新增设施农业科学与工程专业，学校涉农本科专业数达 3 个。"智能制造""大数据技术与管理"等一批微专业面向学生开放选修，促进学生跨学科知识能力的交叉融合，培养复合型农机人才。同时，专门设立涉农专业本科生奖学金，从全国吸引了一批优秀学子进入农机专业学习研究。60 年来，学校累计培养了近 9 万名农业装备工程人才，60%的校友植根于农业装备行业，逐渐成为我国农机装备行业的中流砥柱与栋梁之才。

第七章　农机科研

新中国成立以来，我国农业装备产业和科技创新取得了长足进步和突出成效，科技创新经历了改造仿制、引进消化吸收再创新等阶段，正进入以自主创新为核心能力的新阶段；技术发展实现了从人畜力、机械化和自动化，到以信息技术为核心的高效化、智能化、绿色化发展，推动农业生产进入以机械化为主导的新阶段。如今中国已形成较为完备的农机研发与产业体系，攻克了一批关键核心技术，初步形成以市场为导向、以企业为主体、产学研融合的产业技术创新体系。

一、建构农机科研体系

新中国成立初期百废待兴，一方面，全国范围内农具紧缺；另一方面，随着生活逐渐安定，农民生产积极性被极大地调动起来，农业生产发展迫切需要农业机械化支撑。中国的农机事业开始起步，科学研究也随之展开。

创办科研机构

● 1950 年，西北农具研究所和华东农业科学研究所农具系成立，开启了新中国农业机械科研事业。

● 1956 年，第一机械工业部农业机械研究所（中国农业机械化科学研究院前身）成立。

● 至 1957 年年底，全国共建起 6 个省级以上农机科研机构，分别是隶属农业部的北京农业机械化研究所、南京农业机械化研究所，隶属第一机械工业部的洛阳农业机械研究所、西安农业机械研究所，以及另外两个省级研究所。

● 1959 年，在毛泽东主席发表"农业的根本出路在于机械化"著名论断，并提出"每省、每地、每县都要设一个农具研究所"的号召后，除西藏、青海外，各省、市、地区都建立了省级农机科研机构，随之各地市、县也纷纷跟进。至此，中央和地方两级农机科研体系基本形成。

● 1979 年，国务院正式批准成立"中国农业工程研究设计院"，这是当时唯一以农业工程命名的科技事业单位。

● 1985 年，应中央体制改革要求，全国各级农业科研机构开始探索新的劳动人事制度和分配制度，农机科研机构的改革也取得了可喜的进展。

● 1999 年，我国科技体制改革进入新的战略调整阶段，部分农机科研机构转为非营利机构；部分农机科研机构开始尝试在社会上重组优良资产兴办企业，转型为企业①。

● 2009 年年底，农业科研机构分布在种植业、畜牧业、渔业、农垦、农机化 5 个行业中的数量分别为 656 个、115 个、118 个、54 个、150 个，农机化科研机构数量占农业科研机构总数的 13.7%。当时全国有 30 多家国家及省部级农机科研机构、40 多所开设农机相关专业的高校。

2009 年全国农业科研机构数量

个

	隶属关系	种植业	畜牧业	渔业	农垦	农机化	合计
隶属机构	合计	656	115	118	54	150	1093
	农业部属	26	8	10	14	1	59
	省属	283	61	41	38	29	452
	地市属	347	46	67	2	120	582
管理系统	华北区	85	14	6	1	24	130
	东北区	65	14	17	14	25	135
	华东区	158	17	40	1	23	239
	中南区	162	20	35	5	32	254
	西南区	83	13	6	3	29	134
	西北区	77	29	4	16	16	142

---

① 信乃诠：《我国农业科学技术体系问题》，《农业科技管理》，2008 年第 2 期。陈志：《激情燃烧的岁月——记中国农业机械化科学研究院 50 年风雨历程》，《中国农机化导报》，2006 年 10 月 19 日。

拥有与农业工程密切相关的省部级以上科研教学平台（部分）

类别	名称	单位
国家重点实验室	土壤植物机器系统技术国家重点实验室	中国农业大学
	水文水资源与水利工程科学国家重点实验室	河海大学
国家工程技术研究中心	国家水泵及系统工程技术研究中心	江苏大学
	国家精准农业航空施药技术国际联合研究中心山东理工大学分中心	山东理工大学农工学院
	国家节水灌溉杨凌工程技术研究中心	西北农林科技大学
国家工程研究中心	水资源高效利用与工程安全国家工程研究中心	河海大学
	国家级新农村研究院	江苏大学
国家工程实验室	农业生产机械装备国家工程实验室（联合）	江苏大学
	旱区作物高效用水国家工程实验室	西北农林科技大学
国家地方联合工程研究中心（实验室）	现代农业装备国家地方联合工程研究中心（联合）	江苏大学
	工程仿生国家地方联合工程实验室	吉林大学
国家实验教学示范中心	国家级农业水工程实验教学示范中心	西北农林科技大学
	机械与农业工程国家级实验教学示范中心	中国农业大学
	机械与农业工程国家级虚拟仿真实验教学中心	中国农业大学
	国家农业工程综合训练中心	河南农业大学
国家国际科技合作基地	中英智能农业联合研究中心	山东理工大学农工学院
	温室设备国际科技合作基地	中国农业大学
	中国—老挝可再生能源开发与利用联合实验室	云南师范大学
	国际精准农业航空应用技术研究中心	山东理工大学农工学院
其他国家级平台	国家农作物收割机械设备质量监督检验中心	佳木斯大学
	国家农产品加工技术装备研发分中心	中国农业大学

类别	名称	单位
教育部重点实验室	南方地区高效灌排与农业水土环境教育部重点实验室(河海大学)	河海大学
	工程仿生教育部重点实验室	吉林大学
	现代农业装备与技术教育部重点实验室	江苏大学
	旱区农业水土工程教育部重点实验室	西北农林科技大学
	可再生能源材料先进技术与制备教育部重点实验室	云南师范大学
	现代精细农业系统集成研究教育部重点实验室	中国农业大学

（资料来源:《中国农业工程学会四十周年纪念册》）

二、回望农机科研发展成就

国以农为先，农业始终是国民经济的基础，农机装备是现代农业发展的物质基础。新中国成立以来，我国农机科研取得长足进步，在产业研发与科技创新方面成效显著，目前已成为世界农机装备制造和使用大国，走出了一条具有中国特色的产业科技创新发展之路。

（一）研发与产业形成体系

随着生产能力和技术水平的提高，我国农业装备产业已经初步形成涵盖科研、制造、质量监督、流通销售、行业管理等方面的较为完整的体系，有数千家大中小企业、30多家国家及省部级农机科研机构、40多所开设农机相关专业的高校，以及覆盖全国的部级、省级质量监督、鉴定推广等机构，支撑形成大中小企业融通发展、科技与经济融通发展、各类创新主体及要素融通发展的格局。

（二）技术与产品优化升级

我国攻克了精细耕作、精量播种、高效施肥、精准施药、节水灌溉、低损收获、增值加工等关键核心技术，能够研发生产农、林、牧、渔、农用运输、农产品加工等7个门类所需的65个大类、350个中类、1500个小类的4000多种农机产品，主要农机产品年产量在500万台左右，保有量超过8000万台（套），农机总动力达到10亿千瓦，形成与我国农业发展水平基本相适应的大中小机型和高中低档兼具的农机产品体系，能够满足90%的国内农机市场需求，支撑农作物机械化水平达到68%。

1985年中央发布了《关于科学技术体制改革的决定》，激发广大农机科技工作者的积极性。中华人民共和国第一号授权发明专利——多用途碳铵深施机，成为农机科研成果的一个时代性标志

悬挂架式犁体外载测定装置田间试验

4MP 型弹齿链耙式残膜残茬回收机

甘蔗剥叶机

低扬程大流量风力提水机组

（三）科技创新能力提升

我国布局建设了一批国家重点实验室、国家工程实验室、国家工程技术研究中心、国家级企业技术中心等国家级和省部级科技创新平台，以及农业装备产业技术创新战略联盟等创新保障与服务体系，培养了一支高水平的科技创新队伍，初步形成以市场导向、以企业为主体、产学研融合的产业技术创新体系，从产品

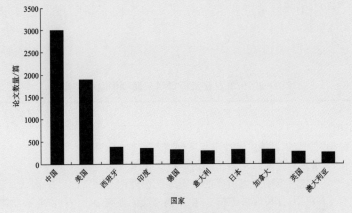

部分国家发表农机论文数量对比

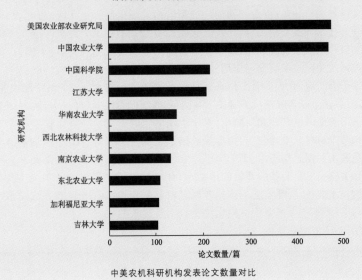

中美农机科研机构发表论文数量对比

开发、技术标准、检测测试、应用推广等方面服务全面覆盖骨干企业到中小微型企业，论文发表量位列世界第一，专利申请量位列世界第二。

2010—2019 年农业工程学科所获国家科技成果

2010—2019 年，农业工程学科共获得各类国家级科技成果奖励 67 项，其中国家自然科学二等奖 1 项、国家技术发明奖二等奖 9 项、国家科学技术进步奖一等奖 2 项、国家科学技术进步奖二等奖 55 项。

2010—2019 年农业工程学科所获得国家科技成果

获奖名称	完成单位
农业化学节水调控关键技术与系列新产品产业化开发及应用、嗜热真菌耐热木聚糖酶的产业化关键技术及应用、干旱内陆河流域考虑生态的水资源配置理论与调控技术及其应用、保护性耕作技术、生鲜肉品质无损高通量实时光学检测关键技术及应用、花生机械化播种与收获关键技术与装备、畜禽粪便沼气处理清洁发展机制方法学和技术开发与应用、高光效低能耗 LED 智能植物工厂关键技术及系统集成、畜禽粪便污染监测核算方法和减排增效关键技术研发与应用、中国葡萄酒产业链关键技术创新与应用、大型灌溉排水泵站更新改造关键技术及应用、油菜联合收割机关键技术与装备、新型低能耗多功能节水灌溉技术研究与应用、基于干法活化的食用油脱色吸附材料开发与应用、黄酒绿色酿造关键技术与智能化装备的创制与应用、干旱半干旱农牧交错区保护性耕作关键技术与装备的开发应用、玉米籽实与秸秆收获关键技术装备、滴灌水肥一体化专用肥料及配套技术研发与应用、棉花生产全程机械化关键技术及装备的研发应用等 67 个项目	中国农业大学、中国农业科学院农业环境与可持续发展研究所、西北农林科技大学、江苏大学、江南大学、中国农业机械化科学研究院、中国农业科学院农业资源与农业区划研究所、新疆农垦科学院、浙江大学、吉林大学、华南农业大学、湖南农业大学、安徽农业大学、河海大学等

三、中国农机科研事业中的江苏大学力量

江苏大学在农机装备领域拥有国家水泵及系统工程技术研究中心、现代农业装备与技术教育部重点实验室、农业部植保工程重点实验室等一批国家或省部级科研平台，构建形成农业装备学科群和创新团队，并牵头组建了全国唯一的现代农业装备与技术协同创新中心，是全国唯一一所拥有农作物机械化生产全部研究环节的高校，也是国内农机研发团队最集中、培养人才最多的高校。

（一）夯实办学实力

农业工程学科是在原镇江农业机械学院农业机械设计制造专业基础上发展起来的一级学科，1981 年获全国首批博士学位授予权，1994 年设立农业工程博士后科研流动站。后因国家学科目录调整，将学科撤销。1998 年学校重新获批农业电气化与自动化硕士学位授予权，2000 年获批农业电气化与自动化博士学位授予权和农业机械化工程硕士学位授予权，2003 年重新获批一级学科博士学位授予权。学科创造了我国农机高等教育的三个"第一"：为我国培养了农机学科的第一届本科毕业生、第一届硕士毕业生和第一位博士。其中，农业电气化与自动化是国家重点学科，农业生物环境与能源工程是江苏省"十一五"重点学科。学科连续入选江苏高校优势学科建设工程一期、二期、三期项目。学科在教育部第四轮学科评估中获评 A–，列全国第 3 位，进入全国前 10%。

经过长期的建设，学科形成了 5 个特色研究方向：农业生物环境智能化测控与能源技术、高端大田收获与植保装备技术、高效节水灌溉装备与技术、农业装备电驱动与智能控制、农产品无损检测与物理加工技术。为了支撑农业工程学科发展，食品与生物工程学院、流体机械工程技术研究中心、汽车与交通工程学院和环境与安全工程学院分别与学科共建农产品产地加工和品质检测技术与装备、高效节水灌溉技术与装备、智能化农用车辆关键技术、农业环境调控与污染控制技术 4 个研究方向。

江苏大学目前拥有农业电气化与自动化、流体机械及工程 2 个国家重点学科和 1 个国家重点（培育）学科，以及农业工程等 5 个江苏省优势学科。

截至 2020 年，江苏大学工程学、农业科学两个学科分别进入 ESI 全球排名前 1.13‰和前 2.31‰。学科还拥有一批国内外著名学者，如我国排灌机械事业的创始人戴桂蕊教授、我国植保机械奠基人高良润教授、我国耕作机械奠基人钱定华教授、我国农村能源学科的创建者吴相淦教授等。学科现有专任教师 362 人，其中正高职称 108 人，副高职称 162 人，拥有博士学位的占比为 96.7%。团队中有全职院士 1 人、特聘院士 2 人，国家级人才 23 人次，省部级人才 62 人次，省级科技创新团队 13 个。学科科研团队规模和实力居全国前列。

(二) 建立研究机构

1.国家水泵及系统工程技术研究中心

2011 年，国家水泵及系统工程技术研究中心以江苏省流体机械工程技术研究中心、江苏大学流体机械工程技术研究中心为基础，依托国内唯一以研究水泵和喷灌设备为主的流体机械及工程国家重点学科，经科技部批准立项建设。中心始终以服务国家战略为目标，坚持"政产学研用"深度融合，构建国家级科技创新平台，聚集国内外优质科技和人才资源，创新先进流体装备和节水灌溉新技术、新产品，建立江苏省产业联盟，推动成果转移、转化和产业化，服务江苏流体装备行业高质量发展，引领我国泵行业技术进步。

国家水泵及系统工程技术研究中心

2.现代农业装备与技术教育部重点实验室

2007 年，江苏大学现代农业装备与技术教育部重点实验室经

教育部批准建设，并于 2011 年通过验收。该实验室依托农业电气化与自动化国家重点学科和农业工程江苏省国家一级重点学科培育建设点，针对长江、淮河流域农业生产的特点，以农业装备和作业对象的检测与控制技术研究为主线，开展现代农业装备的应用基础和关键技术研究，提升本区域乃至全国的农业装备及农机化水平。

江苏大学

现代农业装备与技术

教育部重点实验室

江苏大学现代农业装备与技术教育部重点实验室

3. 国家农产品加工技术装备研发分中心

2009 年，江苏大学经农业部批准设立国家农产品加工技术装备研发分中心。该中心重点进行农产品初加工和农产品精深加工装备的研发等工作，在果蔬鲜切加工、蔬菜脱水加工、农产品有效成分提取、农产品加工副产物生物转化技术与装备的研发方面取得了一系列突破性成果。

国家农产品加工技术装备研发分中心

4．农业部蔬菜脱水加工技术集成基地

2016 年，农业部蔬菜脱水加工技术集成基地经农业部批准由江苏大学建设，于 2018 年建成并通过验收。该基地是全国首个蔬菜脱水加工技术集成基地，也是农业部批准的唯一一个开展蔬菜超声清洗、红外杀青、节能干燥、智能分拣、物理杀菌、智能仓储等装备研发与技术集成的示范基地，旨在整体提升蔬菜脱水加工的技术创新与研发能力，突破该产业的技术瓶颈，促进蔬菜脱水行业的快速发展。

农业部蔬菜脱水加工技术集成基地
Technology Integration Base for Vegetable Dehydration Processing
Ministry of Agriculture, P. R. China

中华人民共和国农业部
二〇一六年七月

农业部蔬菜脱水加工技术集成基地

江苏大学相关研究机构一览表

平台名称	批准部门	批准时间
国家水泵及系统工程技术研究中心	科技部	2011 年
混合动力车辆技术国家地方联合工程研究中心	国家发改委	2013 年
国家级新农村研究院	科技部、教育部	2012 年
高端装备关键结构健康管理国际联合研究中心	科技部	2016 年
流体工程装备节能技术国际联合研究中心	科技部	2018 年
现代农业装备与技术教育部重点实验室	教育部	2011 年
高端流体机械装备与技术学科创新引智基地	教育部	2019 年
面向"长三角"国际制造中心机械专业创新创业人才培养模式实验区	教育部	2009 年
江苏大学工程训练中心（工业中心）国家级实验教学示范中心	教育部	2013 年
教育部高等学校科技成果转化和技术转移示范基地	教育部	2019 年
国家农产品加工技术装备研发分中心	农业部	2009 年
农业部植保工程重点实验室	农业部	2016 年
农业部蔬菜脱水加工技术集成基地	农业部	2016 年
江苏省现代农业装备与技术协同创新中心	江苏省	2013 年
江苏省食品智能制造装备工程实验室	江苏省发改委	2015 年
江苏省农业装备与智能化高技术研究重点实验室	江苏省科技厅	2009 年
动力机械清洁能源与应用	江苏省教育厅	2007 年
江苏省农产品物理学加工技术及装备重点实验室	江苏省教育厅	2010 年
江苏省现代农业装备与技术国家重点实验室培育点	江苏省教育厅	2014 年
机械工业设施农业测控技术与装备重点实验室	中国机械工业联合会	2012 年

(三) 屡创科研佳绩

江苏大学始终坚守为农使命，服务国家战略，精心育人屡创佳绩，潜心科研累结硕果。

1. 争做行业领先

● 农业灌溉机械领域，创始了我国排灌机械事业。学校牵头的全国系列摇臂式喷头联合设计组工作完成了我国第一个喷头系列的研究。

摇臂式喷头系列

● 种植机械领域，在国内率先开展水稻育秧气吸式精密播种技术研究。提出旋耕机设计方法、标准和型谱，旋耕弯刀滑切设计理论，潜土旋耕理论，奠定了我国旋耕机设计理论基础。滑切旋耕弯刀在我国普遍使用至今。

● 耕作机械领域，在国际上首次提出倾斜动线法犁体曲面设计方法，研制混秆型犁体。制定了我国第一个水田犁国家标准。

● 植保机械领域，在国内最先开展静电喷雾技术研究，使我国成为继美国之后第二个田间大面积应用静电喷雾技术的国家。研制出第一代植保机具，先后研发出第二、三代地面大型灭蝗机具——静电喷洒灭蝗车，在我国农业病虫害防治和草原大面积蝗

罗惕乾教授研制的第一代高压静电灭蝗车

第二代高压静电灭蝗车

第三代高压静电灭蝗车

灾治理中发挥了重要作用。

● 收获机械领域，研制出国内第一台 TG-400 型半喂入式稻麦脱粒机，在中国南方被普遍采用。率先开展高产水稻联合收割机技术研究，所研发的低损收获、无堵塞清选油菜联合收割机获国家技术发明奖二等奖、中国工业博览会创新金奖。

江苏大学研制出国内第一台 TG-400 型半喂入式稻麦脱粒机

● 农用动力机械领域，1998 年经江苏省计划与发展委员会批准，江苏大学成立国内第一个以农用动力为主要服务对象的科研机构——江苏省中小功率内燃机工程研究中心。全国 60% 的单缸柴油机、35% 的多缸柴油机和 25% 的汽油机由学校参与完成。在国内率先开展微燃烧及微动力装置的研究，成功研制出首台微热光电系统样机，居国际先进水平。

江苏大学李德桃教授带领团队改进 S195 型柴油机，将 S195 型柴油机转速从 2000 转提高到 3000 转，马力由 12 马力提升到 18 马力，每马力每小时油耗平均降低约 10 公斤，广泛应用于拖拉机、农用车、碾米机、灌溉排涝等领域

● 设施农业装备领域，江苏大学在国内率先开展农业设施栽培电动拖拉机研究，在国内率先开展温室环境智能控制技术研究。

● 农产品加工领域，在国际学界首次明确食品物理加工学科的基本框架和研究内涵，定义"食品物理加工"概念。建立国际上第一条超声辅助酶解制备功能多肽生产线，实现菜籽功能多肽的规模化生产，结束菜籽粕不可食用的历史，在国际上第一个实现菜籽粕食用化开发。在国内率先开展农产品、食品品质快速无损物理检测研究，无损检测的理论研究、技术开发、装备创制处于国内领先地位。在国内率先研制完成超临界萃取装备，创办我国最大的蜂胶活性物质超临界萃取企业。研制出我国第一台气体环流生物反应器。

● 与中国一拖集团合作，完成 300 马力大功率拖拉机动力换挡传动系统的开发，打破国外对大功率动力换挡拖拉机设计技术的封锁，总体技术达到该行业国际先进水平。

● 与南通市广益机电有限责任公司合作，成功研发国内首台四轮独立电驱动智能化高地隙无人驾驶喷雾机，多次亮相各类国际农业机械博览会，部分产品已销往"一带一路"沿线国家，为无人农机电动化、智能化发展开辟了新道路。

无人驾驶喷雾机作业

● 学校是亚洲农业工程学院副主席单位，中国农业机械学会副理事长单位，中国农业工程学会副理事长单位，国家农业装备产业创新战略联盟副理事长单位，农业部技术集成与区域规划专家组和设施园艺工程专家组组长单位。

● 李德桃教授提出的《中华人民共和国农机化法》建议草案被全国人大七届五次会议正式立案，对后来《中华人民共和国农业机械化促进法》的出台起到了直接的促进和铺垫作用。

江苏大学李耀明教授团队
研制的"一种轴向喂入式
稻麦脱粒分离一体化装
置"获得第二十届"中国
专利金奖"（全国农机领
域唯一金奖），其专利产品
实现了高产水稻的高效能
收获

4LZ-6.0 型智能化再生稻
联合收获机作业

棉花分行冠内
冠上组合风送
式喷杆喷雾机
作业

大型葡萄果园用静电喷雾施药机作业

无人驾驶收割机作业

适合我国大田蔬菜规模化种植的高速多功能自动移栽机

多台大型高地隙智能机器人作业

温室作物生长信息自动巡检机器人作业

10 kg 喂入量无人联合收割机作业

2.多项获奖成果

● 1958年，戴桂蕊研发的内燃水泵获全国农展会特等奖，他本人受到周总理接见。

● 1978年，"稻麦两用联合收割机切割器"获全国科学大会奖。

● 1978年，在国际上首次提出倾斜动线法犁体曲面设计方法，研制了混窜型犁体，获全国科学大会奖。

全国科学大会奖状

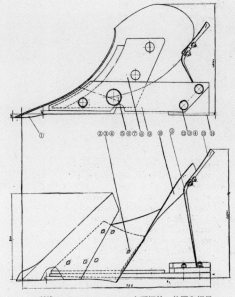

1—犁铧；2、3、4、5、6、7—方颈螺栓、垫圈和螺母；
8—犁托；9—犁侧板；10—犁壁；11—撑杆；12—螺栓；
13—延长板；14—犁后踵

通用（A）型犁体总成（通-30A）

● 1978 年，学校组建的全国摇臂式喷头系列联合设计组设计出 10 种规格的摇臂式喷头系列——PY1 系列，获得全国机械工业科学大会奖。

● 1982 年，《排灌机械工程学报》（原刊名《排灌机械》）创刊，由中国农业机械学会排灌机械分会主管，中国农业机械学会排灌机械分会和江苏大学流体机械工程技术研究中心（具有国家重点学科和国家水泵及系统工程技术研究中心）共同主办。学报先后获得由中国农业机械学会编辑委员会、全国农业机械科技情报总网、全国农机科技刊物网、江苏省教委颁发的奖状、证书，多次获"优秀科技情报成果二等奖""全国农机科技优秀期刊一等奖""全国农机系统优秀科技期刊"。

从《排灌机械》到《排灌机械工程学报》

● 1987 年，学校提出了旋耕机设计方法、理论、标准和型谱，奠定了我国旋耕机设计的理论基础，滑切旋耕弯刀在我国普遍使用至今。其研究成果获国家科技成果二等奖。

● 1990 年 10 月，专利"组合式多用途驱动型耕种农具"获第

组合式多用途驱动型耕种农具

五届全国发明展览会银奖。

● 2008 年，学校获批全国首个农产品加工工程博士点，农产品品质无损检测和有效成分萃取方面居国内领先地位，相关成果获国家技术发明二等奖。

● 2009 年，与企业联合开发的"100/125 马力以上轮式拖拉机"获得中国技术市场优秀科技成果转化项目金桥奖。

"金桥奖"奖牌

● 2015 年，电气信息工程学院科研团队与美国农业部农业工程技术应用中心等单位合作研发了可持续自适应匹配目标植株特征变化的激光变量喷雾机，首次应用激光检测识别技术和智能控制方法创造性地实现了可持续匹配目标植株特征变化的精密变量喷雾。该成果获得美国农业与生物工程师学会颁发的雨鸟年度最佳工程概念奖（Rain Bird Engineering Concept of the Year Award），该奖项为美国农业及生物工程领域新技术、新发明的最高奖项。

雨鸟年度最佳工程概念奖获奖证书

● 2018 年，农业工程学院李耀明教授团队研发的轴向喂入式稻麦脱粒分离一体化装置获第二十届中国专利金奖，实现了我国农机收

李耀明团队所获中国专利金奖奖牌

获领域专利金奖的突破。

● 2019 年，农业工程学院毛罕平教授团队完成的"温室生境信息检测与环境控制技术与装备"项目获教育部 2019 年度高等学校科学研究优秀成果奖一等奖。

国际发明展览会
International Exhibition of Inventions
获奖证书
AWARD CERTIFICATE

项目编号：P296   证书编号：060325

发明者：毛罕平 左志宇 王新忠 胡建平
胡永光 李萍萍

完成单位：江苏大学

项目名称：系列温室及环境控制系统

该项目在第六届国际发明展览会上荣获金奖，特颁此证予以表彰。

毛罕平团队所获第六届国际发明展览会
金奖证书

多项研究成果获国家奖和省部级奖		
成果名称	奖励等级	获奖时间
喷灌技术研究和推广	国家科技进步二等奖	1992
无堵塞泵	国家科技进步三等奖	1997
潜水泵理论与关键技术研究及推广应用	国家科技进步二等奖	2007
食品、农产品品质无损检测新技术和融合技术的开发	国家技术发明二等奖	2008
温室关键装备及有机基质的开发应用	国家科技进步二等奖	2009
基于神经网络逆的软测量与控制技术及应用	国家技术发明二等奖	2009
油菜联合收割机关键技术与装备	国家技术发明二等奖	2013
高效离心泵理论与关键技术研究及工程应用	国家科技进步二等奖	2014
新型低能耗多功能节水灌溉装备关键技术研究与应用	国家科技进步二等奖	2015
机载系统综合化的关键技术及装置	国家技术发明二等奖	2015
强容错宽调速永磁无刷电机关键技术及应用	国家技术发明二等奖	2016
特色食品加工多维智能感知技术及应用	国家技术发明二等奖	2016
一种轴向喂入式稻麦脱粒分离一体化装置	中国专利金奖	2018
智能化温室及有机基质高效栽培技术	教育部提名国家科技进步一等奖	2006
高效施药技术与机具研究	教育部提名国家科技进步一等奖	2006
高效离心泵基础理论和关键技术研究及应用	教育部科技进步一等奖	2013
食品质量与安全指标可视化无损检测新技术	教育部科技进步一等奖	2014
智能化履带式全喂入水稻联合收获机关键技术与装备	教育部科技进步一等奖	2017
温室生境信息检测与环境控制技术及装备	教育部技术发明一等奖	2019
农产品多模式超声辅助精深加工关键技术及其产业化应用	神农中华农业科技奖一等奖	2017
食品质量智能评判和数据处理研究	江苏省科技进步一等奖	2012
茶叶加工过程智能在线监测技术及新产品开发	江苏省科技进步一等奖	2016
农产品品质的无损检测技术及装备研究开发	中国轻工业联合会科学技术发明一等奖	2007
油菜生产机械化关键技术与装备	中国机械工业科学技术一等奖	2010
高效能履带式全喂入水稻联合收获机关键技术与装备	中国机械工业科学技术一等奖	2017

第八章　农机工业

新中国成立之初，我国农机工业处于近乎空白的状态。在历届党和国家领导人的高度重视下，经过几代农机人的艰苦奋斗，我国农机工业从无到有、由小到大、从弱到强，不断发展壮大，国家建立了较完整的农机工业体系，通过不断探索和发展，走出了一条具有中国特色的农机工业发展之路。2018 年，我国成为农机制造全球第一大国，农用动力机械工业得到长足发展。

一、奠定农机工业基础（1949—1979 年）

1949—1979 年是奠定我国农机工业的基础时期。新中国成立之初，国家一方面改造旧式农机具和研发新式农机具，另一方面积极为建立现代农机工业体系创造条件。到 20 世纪 70 年代末，我国基本建成初具规模、较为健全的现代农机工业体系，形成从零部件生产到整机制造的较为完善的产业链。

（一）机械化农业的开端

新中国成立之初，我国农业发展较为落后，特别是农机具普遍缺乏，我国采取了多种措施积极推动农业机械化发展。

1. 推广新式农具

在发展农业生产工具的起步阶段，中央的总体思路经历了

1950 年的新式农具推广到 1951 年的旧式农具增补，再到 1952 年确立"迅速地增补旧农具，稳步地发展新农具"的认知变化。工作思路上，主要依靠各级政府行政手段（建立农具管理机构和农具推广站，落位到乡镇、公社），开展宣传、兴办工厂（铁匠铺、农具农机工厂）、推行贷款（政府层面由国家贷款解决一部分，同时号召各级政府充分利用群众手中的资本）等诸多方法；区域选择上，优先考虑东北、华北和西北等地区。

1957 年，全国共设立新式农具推广站 591 处，推广新式畜力农具 511 万部，各类农具的保有量为：各式犁 367 万台、圆盘耙 8.5 万台、钉齿耙 3.7 万台、播种机 6.4 万台、镇压器 4.3 万台、收割机 1.8 万台、脱粒机 45.4 万台。

20 世纪 50 年代农业生产作业场景

2．创办国营机械化农场

1949 年，我国东北和华北地区已建立机械化农场共 19 处。

1950 年，我国开始创办国营机械化农场。1956 年，全国共建立国营机械化农场 730 处，耕地 1274 万公顷；拥有拖拉机 4500 台（拖拉机总动力 10.8 万千瓦）、联合收割机 1400 台、农用汽车 1300 辆、机引农具 1.1 万台。

国营机械化农场使用各种较大型农业机械，除完成农场本身的农田作业外，还为附近农民代耕代种，对中国农业机械化的发展起到了很好的启蒙和示范作用。国营机械化农场培养了大量的农机人才，并且在农业机械化生产计划、机具的选型配套、农作物的机械栽培技术、机器的作业定额及维护保养等方面积累了经验①。

黑龙江垦区的履带式拖拉机挺进荒原

---

① 徐雪高，龙文军，何在中：《中国农业机械化发展分析与未来展望》，《农业展望》，2013 年第 6 期。

20世纪60年代黑龙江垦区职工接收新装备的农机具

3. 成立国营拖拉机站

1950年2月，我国的第一个拖拉机站在沈阳市西郊成立。

1950年秋，全国农业工作会议决定试办国营拖拉机站。

1953年，参照苏联农业机器拖拉机站模式，建设国营拖拉机站11个，拥有拖拉机68台、联合收割机4台、卡车3辆，为5个集体农庄、96个农业生产合作社、39个互助组、11个农场提供机耕服务。

1957年年底，全国国营拖拉机站达到352个，拥有拖拉机1.2万标准台，当年完成机耕面积174.6万公顷。

20世纪50年代拖拉机牵引犁铧进行耕地作业

（二）揭开拖拉机生产序幕

从1950年开始，为解决农业生产急需，我国从苏联和东欧国家引进包括拖拉机、机引农具等在内的农机产品，与此同时，还重点引进拖拉机制造技术和成套的拖拉机生产设备、检测仪器等，为我国农机工业初期的建设奠定了基础，创造了条件。当时我国农业生产急需的农机产品研制也在稳步有序推进。

1．首台履带式拖拉机诞生

1958年7月20日，位于洛阳的第一拖拉机制造厂门口，新中国第一台东方红–54型履带式拖拉机开出厂门。几千年的"牛耕"时代从此结束。此后，"东方红"拖拉机完成全国60%以上机耕地的作业，"东方红"成为中国农民心目中农业机械化的象征。

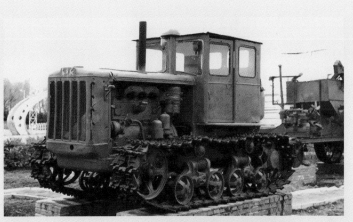

东方红-54 型履带式拖拉机

1958 年，当第一台国产东方红履带式拖拉机开进农村时，受到农民的热烈欢迎

这台 1965 年出厂的 46257 号东方红-54 型拖拉机，在黑龙江北安农垦管理局二龙山农场创造了 31 年无大修、31 年干出 47 年工作量的纪录，节约燃油费和维修费 13 万元，前后 6 位车长和驾驶员中出现了两位省劳动模范，是黑龙江垦区著名的"标兵车""功勋车"

2. 首家拖拉机厂建成

中国一拖集团有限公司的前身——第一拖拉机制造厂（简称"中国一拖"）是国家"一五"时期156个重点建设项目之一。1955年开工建设，1959年工厂正式建成投产。中国一拖是由毛主席亲自敲定厂址、周恩来总理亲自任命厂长的工厂，堪称中华人民共和国农机业的"长子"。经过60余年的发展，中国一拖已经成为以农业机械为核心，同时经营动力机械、零部件等产品的多元化大型装备制造企业集团，是中国农机业的重点骨干企业。建厂以来，中国一拖已累计向社会提供了355万余台拖拉机和270万余台动力机械，为我国"三农"建设做出了积极贡献。

1959年11月1日，中国第一拖拉机制造厂成立

中国第一拖拉机制造厂举行落成典礼

3. 首台蒸汽拖拉机试制成功

1958 年，为响应国家号召，进一步加快农业发展，沈阳农业机械厂萌生出制造拖拉机的想法。当时，拖拉机在国内还属于稀罕物，没有一定的物力、财力和技术便难以制造，并且当时大庆、胜利等大油田还未被开发，国家燃油紧缺，拖拉机的动力问题尚未得到解决。为此，沈阳农业机械厂提出，可以造一台烧柴火的蒸汽拖拉机，喊出了"拿下蒸汽拖拉机，五一节献礼"的口号。

新中国首台蒸汽拖拉机试制成功

经过不到 100 天的奋战，1958 年 4 月 30 日，中国第一台蒸汽拖拉机 "创造号" 问世。在成功试制出中国第一台 18 马力蒸汽拖拉机后，沈阳农业机械厂于 1958 年 8 月 1 日更名为沈阳拖拉机制造厂。此后，该厂继续创造出一个又一个辉煌，丰收-27 拖拉机、东风-40 拖拉机、双马-60 拖拉机等相继问世，在祖国广阔的田野上不断耕耘。

(三) 初建联合收割机工业

新中国成立伊始，百废待兴，收获机械的生产基础薄弱，几近空白。经过 30 年的发展，到改革开放前，我国已建成六大联合收割机制造厂，生产出多台不同型号的联合收割机。

1. 首台牵引式联合收割机

1955 年 7 月 9 日，北京农业机械厂全体职工写信给首届全国人民代表大会第二次会议，报告我国第一台谷物联合收割机——GT -4.9 试制成功。该机型于 1954 年 8 月开始着手设计，1955 年

20 世纪 70 年代 "东方红" 拖拉机牵引 GT-4.9 型联合收割机拾禾作业

1 月投入试制，同年 4 月 15 日组装完成，标志着中国第一台牵引式联合收割机试制成功，并于 1956 年正式投产。GT-4.9 型牵引式联合收割机重约 7 吨，割幅为 4.9 米，自带 40 马力的发动机，由东方红-54 型拖拉机牵引。1972 年，GT-4.9 型联合收割机转到开封联合收割机厂生产。该机型主要在大型国营农场使用，是 20 世纪六七十年代我国联合收割机保有量最多的机型，一直到 1982 年停产。

E512 收获机进行卸粮作业

2．"东风"拂过"北大荒"

1964 年年初，当时以生产小型农机具为主的四平农业机械厂，开始了研制我国第一台大型联合收割机的任务。经过连续奋战，终于在 1964 年 4 月底，成功制造出我国第一台大型自走式谷物联合收割机。当时只做了 2 台样机，空试成功后，在麦收季节，样机在北京芦合农村和黑龙江友谊农场进行了两轮小麦田间实地收割，取得了成功。从此，中国结束了不能自己生产大型自走式谷物联合收割机的历史，毛主席欣然为该产品题名"东风"，寓意东风联合收割机要为农业现代化贡献力量，像春风吹绿大地那样助力中国农业发展。

20 世纪六七十年代，全国农机工业布局如下表所示：

全国农机工业布局

农机厂	厂名	所在地
拖拉机厂	辽宁大连习艺机械厂	辽宁大连
	山西机器厂	山西太原
	第一拖拉机制造厂	河南洛阳
联合收割机厂	吉林四平东风联合收割机厂	吉林四平
	黑龙江佳木斯联合收割机厂	黑龙江佳木斯
	新疆联合收割机厂	新疆乌鲁木齐
	黑龙江省依兰联合收获机厂	黑龙江依兰
	北京联合收割机厂	北京

GT-4.9 型牵引式联合收割机

东风 ZKB 系列联合收割机

北京–2.5 型联合收割机作业中

知识拓展

人民币上的拖拉机手

1962 年 4 月我国发行的第三套人民币中，一元人民币上的女拖拉机手的原型，就是新中国第一个女拖拉机手梁军。梁军 1930

年出生在黑龙江省明水县。1948 年，梁军所在学校决定办农场，派学员去参加拖拉机手训练班学习，两个月后梁军和同学驾驶着 3 台拖拉机回到学校。随后，学校成立女子拖拉机队。1950 年 6 月，学校宣布以梁军命名的新中国第一支女子拖拉机队成立。

新中国第一位女拖拉机手梁军

1959 年 11 月 13 日，第一批共 13 台东方红–54 型拖拉机运抵黑龙江，梁军心情十分激动，她跳上一台"东方红"驾驶了一圈，在场有记者拍下了那个令人振奋的画面。最有趣的是，梁军本人并不知道她的照片后来被印在了第三套人民币一元纸币上。转眼到了 2003 年，梁军接到中央电视台编导打来的电话，中央电视台准备推出一档新节目——《小崔说事》，其中一期节目的主题是"钱啊！钱"，节目组拟邀请梁军参加，一起聊聊相关话题。由于不能确定自己就是纸币上的女拖拉机手，梁军婉言谢绝了邀请。几天后，又一个电话拨了进来，说他们已经与中国人民银行货币发行处确认，纸币上的那位女拖拉机手的原型就是梁军本人，由此，梁军最终接受了邀请。此时，距梁军"把拖拉机开到人民币上"已经40年了。

第三套人民币一元纸币照片纹

梁军的一生与新中国的农业为伴。第三套人民币一元纸币正面的女拖拉机手形象，正是以梁军为原型的。这张纸币图像深刻体现着我国对农业的重视。

二、农机工业走向市场化（1980—2003 年）

1980—2003 年，是我国农机工业走向市场化导向的阶段。随着体制改革的不断深入，市场机制在农业机械发展中的作用逐渐增强，国家对农机工业的计划管理逐步放开，改国家单纯投资为多元投资，社会和民间资本开始进入农机工业，同时允许农民自主购买和使用农业机械。农机装备多种经营形式并存的格局初显，农机产品结构也相应发生变化。之后随着工业化和城镇化进程加快，以及农村劳动力向非农产业和城市转移，农村劳动力出现了季节性短缺，加快农业机械化进程的呼声日益高涨，在市场需求的强劲拉动下，我国农机工业又出现了新一轮发展高潮。这一时期，我国形成了从中央到地方完备的农机管理、推广系统（包括农机管理局、农机推广站）。

（一）小型农机异军突起

20 世纪 80 年代初，我国农村实行家庭联产承包责任制，经营规模由大变小，大农机与小规模经营的矛盾凸现。为适应农村经营体制的变化，满足市场实际需要，农机企业以市场需求为导向迅速调整产品结构，一是由以研制大中型农机为主调整为以研制中小型农机为主，二是由以研制种植业产品为主调整为产品覆盖农业各产业。各种中小型拖拉机、中小型联合收获机、中小型农副产品加工机械、饲料机械、畜牧机械和水产饲养设备等农机产品的产销量快速增长，出现产销两旺的局面。具有中国特色的中小型运输机械、低速汽车应运而生，得到了快速发展。

微耕机

1．"东方红"小四轮——20 世纪 80 年代的经典

这一时期，我国建成的小型拖拉机生产厂家开始发挥巨大作用。特别是手扶和小四轮拖拉机生产得到迅速发展。在东方红农耕博物馆有一台满是历史斑驳痕迹的"东方红"小四轮，它是中国一拖从计划经济时代进入市场经济时代过程中开发的标志性产品，不仅"托起了中国农民的致富梦想"，也在 20 世纪 80 年代带动中国农机工业走出低谷。

在中国西藏，每年 3 月份的"开镰仪式"上，东方红拖拉机都是亮点

2．农用运输车——"中国国情车"

1978 年经济体制改革开始后，农村实行了家庭联产承包责任制，农民的积极性空前高涨，农副产品生产量大幅增长。传统的人力车及拖拉机等交通运输工具已无法满足农业生产运输的需要。

1980年4月，三个农民走进安徽宣城的一个农机修造厂，要求在人力车上安装发动机，从此拉开了我国农用运输车发展的序幕。廉价实用的农用运输车被推向市场，并超出预想，市场反应良好，产品非常畅销。农用运输车产品，是伴随着中国农村经济体制改革的深入，为解决日益增多的货物量与落后的交通运输手段之间的矛盾而诞生的"中国国情车"。

20世纪80年代山东省泰安市光明机器厂生产的光明7YPJ—950A型农用运输车

（二）大型农机迅猛发展

20世纪90年代中期以来，农村劳动力开始大量转移，农村季节性劳力短缺的趋势不断显现。1996年，国家有关部委开始组织大规模小麦跨区机收服务，联合收割机利用率和经营效益大幅度提高，探索出了解决小农户生产与农机规模化作业之间矛盾的有效途径，特色农业机械化发展道路初步形成。农机工业开始了新一轮产品结构调整，高效率的大中型农机具恢复增长，小型农机具的增速放缓，联合收割机异军突起，一度成为农机工业发展的支柱产业。

全国小麦跨区机收启动仪式在河南省南阳市镇平县杨营镇郭营村举行

参加小麦跨区机收的联合收割机

随着农机装备技术进步显著，各种新机型不断投放市场，特别是谷物联合收获机，以新疆-2型自走式谷物联合收获机为代表的新一代机型研发成功，产品投产后迅速打开市场，掀起了我国自走式谷物联合收获机发展的高潮，促进我国小麦机收水平大幅上升。新疆-2型自走式谷物联合收获机不仅是我国民族工业打造的自有品牌，还为我国大喂入量谷物收获机械的研发奠定了技术基础，同时推进了具有中国特色的小麦收获跨区作业模式的形成和蓬勃发展。

新疆-2型自走式谷物联合收获机田间作业

三、依法促进的"黄金十年"（2004—2013年）

2004年，国家颁布实施了《中华人民共和国农业机械化促进法》并出台农机购置补贴政策，自此我国农业机械化发展进入依法促进的新时期。2004—2013年，国家政策支持力度、农机工业产业规模、企业自主创新能力、科研开发、产品质量、合资合作及进出口贸易均达到历史最高水平，我国农机工业迎来了历史上最好的发展时期，因此这一时期被誉为中国农机工业的"黄金十年"。

2004年11月1日，全国人大农业与农村委员会等五部委在北京召开《中华人民共和国农业机械化促进法》贯彻实施座谈会

2006年8月26日，新疆维吾尔自治区吐鲁番市三堡乡曼古布拉克村农民赛买提·买买提为自己新购的农用拖拉机系上大红花。当地政府为当日42户农民新购买的农用拖拉机和配套设备提供了60万元补贴。

2011年国务院奖励"全国种粮售粮大户"的"东方红"拖拉机和开心的农户

（一）第一部农机促进法

为了鼓励、扶持农民和农业生产经营组织使用先进适用的农业机械，促进农业机械化，建设现代农业，中华人民共和国第十届全国人民代表大会常务委员会第十次会议于 2004 年 6 月 25 日通过了《中华人民共和国农业机械化促进法》。该法共计八章三十五条，自 2004 年 11 月 1 日起施行。

该法规的发布实施开启了我国农机工业发展的黄金时期，农机化发展释放出前所未有的澎湃活力。2007 年，我国农机化发展总体上实现了从初级阶段迈入中级阶段的历史性跨越；2010 年，全国农作物耕种收综合机械化水平首次超过 50%，达到 52.3%，标志着我国农业生产方式已经实现由人畜力为主向机械化作业为主的历史性跨越；2013 年全国农作物耕种收综合机械化水平再创新高，达到 59%，比 2004 年的 34.4%增加24.6 个百分点，增幅超过之前 35 年的总和。

（二）全球第一农机制造大国

1. 产值位居世界第一

2012 年我国农机工业生产总值首次突破 3000 亿元，超越欧盟各国和美国，成为名副其实的全球第一农机制造大国。农机工业保持快速增长，产品种类逐步完善，对农业机械化的支撑保障能力进一步增强。

2. 全门类产品体系

十年间，我国农机工业逐步形成专业化分工、社会化协作、相互促进、协调发展的产业体系，产业结构和产品结构得到进一步优

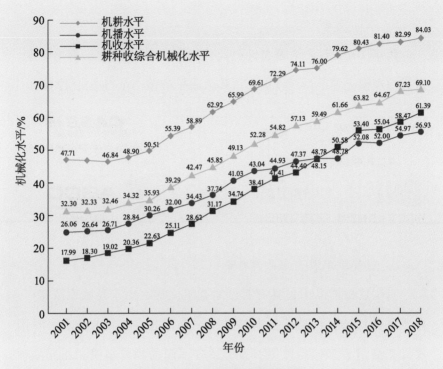

2001—2018 年全国综合机械化水平走势

化。通过技术引进和自主开发，大型动力换挡拖拉机、大型自走式喷杆喷雾机、大型免耕播种机等一批科技含量高的农机产品应运而生，我国农机产品与国外先进产品之间的差距进一步缩小，形成了大中小型、高中低技术档次兼顾的产品结构，满足了国内市场 90% 的需求，促进了全国农作物耕种收综合机械化水平的提高。

（三）国际化影响力增强

2004—2013 年，国际农机制造巨头企业纷纷进入中国市场，有效带动了我国农机工业水平提升。我国优秀骨干农机企业采用收购、引进等方式在国际市场上获得了新技术和优秀人才，加快了企业国际化进程，提高了品牌的国际竞争能力。

1. 国际巨头入驻

截至 2013 年，我国农机行业规模以上外资企业已有 147 家，占行业规模企业总数的 7.97%，其工业总产值占全行业的 12.06%。

久保田(中国)投资有限公司

凯斯纽荷兰(中国)管理有限公司

科乐收农业机械贸易(北京)有限责任公司

美国爱科集团

2. 世界级农机企业品牌打造

我国农机产品出口具有明显的竞争优势。由于我国地域宽广，自然条件复杂，作物品种丰富多样，为了适应不同的需求，我国农机产品门类多、品种多；为了适应不同的经营规模，相同品种又有大、中、小之分，使得我国农机产品覆盖面宽，具有广泛的适应性。这是我国产品出口的一个坚实基础。同时，我国农机市场大且农民购买力低，使得我国农机产品价格低廉。因此，在功能价格比上，我国产品有较强的竞争力，也为我国农机工业企业走出国门创造了极为有利的条件。

从 1992 年起，中国一拖就开始运作产品出口非洲的业务，成为最早进入非洲市场的中国企业之一。2009 年，中国一拖在阿尔及利亚、埃及、埃塞俄比亚、尼日利亚、肯尼亚、安哥拉和南非等 7 个非洲主要国家建立装配厂或服务中心，采用散件进口、当地装配、当地服务的方式，以市场营销为核心全面开拓非洲市场。在整合全球技术资源的同时，中国一拖还开始在全球范围内整合制造资源。2011 年春，在马恩省圣迪济耶市，中国一拖成功收购了意大利 ARGO 集团旗下的法国 McCormick 工厂，并更名为一拖（法国）农业装备有限公司。这是新中国成立后，中国农机工业收购世界级农机企业的第一个案例。

自 2014 年起，同样作为国内农业装备龙头骨干企业的雷沃重工通过先后收购 Arbos、MaterMacc、Goldoni 三大全球高端农机品牌，建立"全球研发、中国制造、全球分销"雷沃特色发展模式，战略布局全球资源，整合国际高端人力、技术、品牌资源，除了在较短的时间内实现开拓新市场、进入新业务、提升企业某个领域技术和产品能力的目的，更深层次的意义在于通过整合全球高端资源，实现了企业技术的升级改造，拥有了自主知识产权品牌，拿到了国际市场的通行证。

亮相汉诺威国际农机展的阿波斯 P7000 拖拉机

2016 年 11 月，意大利博洛尼亚国际农机展上，雷沃重工携阿波斯拖拉机、
高登尼拖拉机、马特马克播种机等高端产品系列组合参展

2018 年 11 月中国首届进口博览会上，中国一拖法国公司生产的动力换挡系统亮相

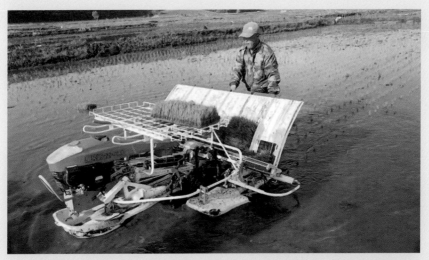

手扶式机动插秧机是国内较早自主研发的高性能插秧机，已在国内 20 多个水稻产区推广并
出口海外 20 多个国家。图为手扶式机动插秧机正在田间作业

墨西哥使用的中国拖拉机产品

英国使用的中国拖拉机产品

巴西使用的中国拖拉机产品

吉尔吉斯斯坦使用的中国拖拉机产品

上千台中国一拖 YTO 拖拉机在中国青岛港集结，准备发往国外

2014 年五征三轮汽车成为商务部援助非洲的指定用车，五征集团向毛里塔尼亚
一次性出口三轮汽车 2550 辆

3. 国际融合步伐加快

"十三五"期间，我国企业加快国际融合步伐，在法国、意大利、白俄罗斯等国设立研发基地。同时，国内部分骨干企业对海外企业的并购投资拓宽了吸收国外技术、布局全球市场的路径。众多跨国农机企业在我国设立制造工厂，部分企业将其在我国的工厂定

位为全球制造基地，借助本土产业链及成本优势，将产品销往世界各地。这些在华的跨国农机企业已经成为我国农机产业的重要组成部分。

四、向农机智造强国奋进（2014年至今）

随着农业生产方式的转变和农业产业结构的调整，农机工业发展速度放缓。2014年，我国农机工业平均两位数的高速增长态势告一段落，中高速增长、稳步健康发展将是农机工业未来的常态。

2015—2017年中国进出口总额

亿美元

年份	进出口总额	进口总额	出口总额
2015	124.44	22.76	101.68
2016	110.87	22.78	88.09
2017	123.27	22.38	100.89

（数据来源:海关总署）

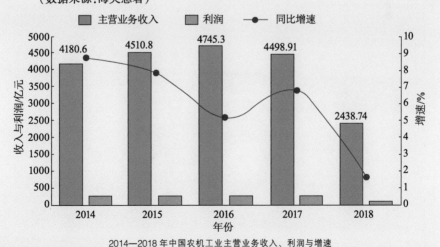

2014—2018年中国农机工业主营业务收入、利润与增速

（一）发展智能农机装备

2014 年以来，我国积极推进全程、全面机械化发展，并在此基础上发展智能农机装备。全国主要农作物生产全程机械化示范县 2014 年 453 个、2015 年 28 个、2017 年 122 个、2019 年 152 个、2020 年 151 个。

无人驾驶收割机作业

无人驾驶拖拉机作业

多旋翼植保无人机作业

生产线上的 AGV 自动导向台车，东方红拖拉机生产线大量应用信息化和智能制造技术

（二）产业集群涌现

我国农机工业已形成齐鲁产业集群、河洛产业集群、京津冀产业集群、环太湖流域苏锡常产业集群、芜湖地区产业集群几大产业集群。

截至目前，我国已造就一批具有国际竞争力的农机装备制造企业，如中国一拖（洛阳）、山东时风、福田雷沃重工（山东）、沃得农机（江苏）、五征集团（山东）、东风农机（常州）、中联重机（芜湖）。

（三）遍布世界的中国农机

国际市场竞争力的提升，促进了产品出口贸易额的稳步增长，自2004年起，我国农机工业出口总额一直大于进口总额。我国农业机械进出口贸易额在经历了2015年、2016年较大幅度下滑之后，2017年扭转了出口下滑态势，进出口稳中有升。2019年我国农机工业进出口总额达到 431.46 亿美元（含水泵和柴油机），其中出口 300.62 亿美元，进口 130.84 亿美元，实现贸易顺差 169.78 亿美元。

中国部分新式农机

五、江苏大学对于中国农机工业的贡献

六十年为农初心不改，一甲子厚植办学底蕴。江苏大学为农机而生，因农机而兴，坚持为农使命，服务国家战略，始终围绕农机打造学科品牌，围绕"工中有农，以工支农"增强办学实力，为我国农机工业发展贡献力量。

（一）助力水利工程

1. 核心技术贡献

● 开发研制我国第一个适用于水力机械的 791 新翼型，研制了我国紧缺的三大系列共 20 组高性能低扬程泵水力模型，最高效率提高了 3~5 个百分点，过流能力提高了 12.5%，已成为全国泵站建设首选和广泛应用的优秀水力模型，解决了长期以来灌排泵站效率低的"卡脖子"技术瓶颈问题。

● 创建大流量低扬程泵内部流动数值模拟和流场测试方法，揭示了叶顶泄漏涡、垂直空化涡等复杂漩涡结构和流动规律，提出了非线性环量设计理论和方法，为研发高效率大流量低扬程泵、降低泵站能耗奠定了理论基础。

● 发明大型水泵扭曲叶片精密加工、纳米超音速热喷涂、镍钨合金自动堆焊等新技术新工艺，显著提高了叶片水力效率和抗空蚀、磨蚀性能，解决了黄河流域等泥沙介质易导致叶片磨损破坏的技术难题。

● 自主研发大中型轴流泵、斜流泵和贯流泵机组成套装备和技术，解决了低扬程泵机组调节、传动、支撑和密封等技术难题，大幅提高了系统效率和运行稳定性；开发的 320 种大流量低扬程泵节能新产品，被行业普遍采用。

大型立式轴流泵

大型贯流泵机组

系列大中型轴/斜流泵产品（直径2~5 m）

2. 技术应用推广

江苏大学开发的大中型轴流泵、斜流泵、贯流泵等低扬程泵相关研究成果已转让全国骨干企业和外资企业100余家，并成功应用于南水北调，引江济淮，淮水北调，以及"一带一路"沿线巴基斯坦、越南、阿联酋、缅甸等国家灌排工程，全国特大型灌区河套灌区，全国第一大提水灌区青龙山灌区，东雷抽黄灌区，共计1275座大中型灌排和调水泵站。其中，南水北调东线和中线工程新建低扬程泵站21座均采用该成果，直接受益人口超过1亿人，社会效益巨大，显著提升了我国大流量低扬程泵技术水平，在缓解北方缺水、灌溉排水、服务"一带一路"、抗旱减灾和节能减排等方面做出了重大贡献。

部分典型应用泵站的应用单位统计表

部分典型应用泵站	应用单位
青龙山灌区、河套灌区、东雷抽黄灌区、引江济淮、江都四站、万年闸站、长沟站	江苏航天水利设备有限公司
东深供水工程、九江防洪工程、黄梅水利工程、淮河流域治理项目、闽江下游防洪工程等	蓝深集团股份有限公司
南水北调东线台儿庄站，东深供水、江水北调解台站	上海凯士比泵有限公司
南水北调东线工程邳州泵站、睢宁二站、邓楼泵站、刘老涧二站、皂河二站、泗阳站、北坍站、大套站	日立泵制造（无锡）有限公司（日本）
南水北调刘山泵站、解台泵站、淮安四站、刘老涧泵站、望虞河站、广西安平泵站	利欧集团湖南泵业有限公司
广西平马沟排涝泵站、明山泵站、大屯水库工程入库泵站、中线滨海新区泵站、淮安泵站	上海凯泉泵业（集团）有限公司
安哥拉农业排灌工程、缅甸国家农业灌溉项目、沙湾泵站、珠海平岗泵站	上海连城（集团）有限公司
河北省南水北调工程、上海世博会白莲泾泵站、引黄工程庙前一级泵站	上海东方泵业（集团）有限公司

（二）推广农机装备

江苏大学是全国唯一一所研究耕整地、种植、植保、收获、烘干和秸秆处理等农作物机械化生产全部环节的高校。

——是全国收获装备创新中心。研制的水稻联合收割机籽粒损失率、含杂率分别降低 35% 和 50%，履带式油菜联合收割机损失率、含杂率分别降低 26% 和 47%。稻油联合收割成为收获机械行业排名前三家企业 (沃得农机、雷沃重工、星光农机) 的品牌产品，全国市场占有率达 59% 和 70%。

——是全国排灌机械创新中心。牵头制定和修订泵领域国家及行业标准 100 余项。全国约 80% 的喷灌机、70% 的无堵塞泵、60% 的小型潜水电泵为学校开发设计和技术辐射。大型低扬程泵应用于南水北调东线 14 座主线泵站，占总数的 70% 以上。

——是全国静电喷雾技术中心。高工效宽幅喷杆静电喷雾施药技术达到世界领先水平，建立了行业标准体系。水田喷杆静电喷雾施药机达到减少农药使用量 30% 的目标。

——是全国农产品加工创新中心。是近 5 年为"一带一路"国家培养农产品加工外籍博士最多的高校。拥有全国农产品智能无损检测发明专利的 30%，覆盖市场 70% 以上的国内农产品无损检测装备。

——是全国无人农机研发中心。以总师单位参加首轮农业全过程无人作业试验工作、首轮农业全过程无人作业秋收秋种试验。牵头发起成立江苏省智能农机装备产业联盟，目前联盟成员单位有 98 家，江苏大学为联盟理事长单位。

(三) 承接重大项目

1. 国家重点研发计划"智能农机装备"重点专项"农特产品低损清洁技术装备研发"项目

该项目以农特产品产地减损保质清洁加工过程的模型化定量描述研究为基础，以新型高效加工关键技术突破为核心，通过机械结构的优化设计和控制软件硬件的开发，完成智能化数控装备的创制，实现农特产品产地的机械化、自动化、数字化、智能化加工。

截至目前，该项目共研发新技术 15 项，研制新装置 17 台，申请国家发明专利 20 项，共发表 SCI 论文 22 篇，制定行业标准 2 项，获取软件著作权 2 件。

国家重点研发计划"智能农机装备"重点专项"农特产品低损清洁技术装备研发"项目启动会

2. 国家重点研发计划重点专项"食品腐败变质以及霉变环境影响因素的智能化实时监测预警技术研究"项目

该项目开创了江苏大学成功申报国家重点研发计划重点项目

的先河，标志着江苏大学在食品智能化检测与加工领域具有重要的影响力。项目围绕食品安全过程控制的关键环节，开展联合技术攻关，构建互通互联的食品安全监管平台，为我国实施食品安全战略提供技术支撑。

国家重点研发计划重点专项"食品腐败变质以及霉变环境影响因素的
智能化实时监测预警技术研究"项目启动会

3. 国家重点研发计划"适宜西北典型农区的绿色高效节水灌溉装备研制与开发"项目

该项目针对我国西北农区节水灌溉装备低能耗、低造价与高抗堵塞性能及高配套性等需求，以大幅度降低节水灌溉装备能耗与提高灌溉水利用率为目标，研制出水肥气耦合灌溉装备及其自动控制系统、中小型平移式喷灌机组样机、光伏提水灌溉系统，开发出4类新型滴头。

相关研究成果获中国农业节水和农村供水技术协会的农业节水科技奖一等奖1项、山东省科技进步奖二等奖1项、河南省教育厅科技成果一等奖1项；获专利与软件著作权30件，其中发明专利

20 件，申请国际 PCT 专利 1 件、授权 1 件，发表 SCI 论文 32 篇、EI 论文 5 篇。

国家重点研发计划"适宜西北典型农区的绿色高效节水灌溉装备研制与开发"项目推进会

4.国家自然科学基金重点项目"温室关键装备及有机基质的开发应用"

该项目是我国温室装备领域的自然科学基金重点项目。项目建立了普适性的温室环境和作物机理模型，探明了环境因子的时空变化规律及耦合关系，提出了基于作物生长信息的多目标环境调控方法，突破了机器与植物对话式环境控制的瓶颈，丰富和完善了设施环境调控理论体系。项目的研究成果打破了环境控制系统的国外技术垄断，获国家科技进步二等奖。

科研同行在现场参观交流

5. 国家重点研发计划"中式自动化中央厨房成套装备研发与示范"项目

该项目研发的全自动米饭蒸煮线分装设备，无须人工操作，标配恒温配水系统。整个系统热效率比以往机器提高 40% 以上，优化的配水系统提高了配水精度，可达 ±1% 以内。全自动炒制装备可以

国家重点研发计划"中式自动化中央厨房成套装备研发与示范"项目启动会

将热效率提升到80%以上，加速菜品的熟化，可以加工大多数炒制类菜品。中央厨房成套装备的应用提高了餐食的产量，又极大地减少了操作人员，在抗击新冠肺炎疫情中起到重要的后勤保障作用。

6.工信部"推动农机装备产品创新发展"专题研究任务

该任务要求全面调研我国农机装备产品研发生产情况，对比国际农机装备产品发展应用情况，提出农机装备品种类别划分意见和建议，为制定农机装备产品分类标准提供参考；调研我国农机工业、农业机械化发展面临的形势和需求变化等，提出适合国情、农民需要、先进适用、亟待发展的农机装备产品目录清单建议；提出推动农机农艺融合发展、农机装备创新体系建设、农机装备产业结构优化布局、农机装备整机产品及关键零部件创新发展等措施建议，编制高端农机装备技术路线图，明确发展方向、路径和具体措施。

工信部"推动农机装备产品创新发展"专题研究报告专家评审会现场

（四）建立科创园区

为共同推进江苏大学创建高水平大学，江苏大学与镇江市人民政府、启迪控股签署了三方战略合作协议，旨在深入贯彻落实国家"大力推进农业机械化、智能化"的要求，并根据江苏省委关于打造江苏大学农业工程学科特色和服务区域发展的重要指示，充分发挥启迪控股全球集群式创新生态网络基地和资源优势，依托江苏大学农业工程和机械工程的学科优势与镇江市区位优势，共建国家级智能农业装备创新产业园，设立中国农业装备国际创新中心，搭建综合农业装备科技创新服务平台，打造中国智能农业装备产业高地。

镇江市人民政府、江苏大学、启迪控股股份有限公司共建国家级智能农业装备创新产业园
战略合作框架协议签约仪式

第九章　农机化成就与展望

七十年砥砺奋进，七十年风雨征程，回顾我国农业机械化发展历程，从白手起家到成就瞩目，中国农机人走出了一条具有中国特色的农机化发展之路。当前，以信息化为核心的技术革命正在兴起，对未来的农业机械化和智能化发展必将产生至关重要的影响，也是中国农机化发展未来之路的必然选择。

一、历史性转变

回望新中国成立以来农业机械化发展历程，中央在不同时期及时明确农业机械化发展的指导方针、目标任务和政策措施，农机装备从无到有，乃至覆盖全领域，农业机械化从基本零起步到全程全面推进，农业生产方式从千百年来的以人畜力劳作为主转为以机械化作业为主，实现了历史性转变，取得了举世瞩目的成就[1]。

（一）农机装备总量位居世界前列

我国农机装备总量持续快速增长，成为农机生产使用大国。我国农机装备制造已基本涵盖各个门类，能够生产14大类50个小类4000多种农机产品，逐步成长为世界农机生产大国。2018年，全

---

[1] 李安宁：《回望成就，在新的历史起点上加快推进农业机械化》，在庆祝新中国成立70周年农机化发展成就座谈会上的讲话，2019年9月22日。

国农机总动力达到 10.04 亿千瓦，亩均动力超过美国、日本等发达国家。农业机械原值近万亿元，农村农业机械总量近 2 亿台（套），其中拖拉机保有量 2240 万台，联合收割机 206 万台。高性能、大功率的田间作业机械和其他各领域新型机具不断增长，农机装备结构持续改善，作业质量加速提升。目前，机耕、机播、机收、机电灌溉、机械植保等五项作业面积达到 66.7 亿亩次/年，我国农机拥有量、使用量均已位居世界前列。

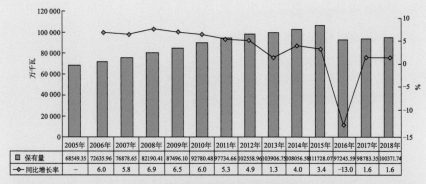

	2005年	2006年	2007年	2008年	2009年	2010年	2011年	2012年	2013年	2014年	2015年	2016年	2017年	2018年
保有量	68549.35	72635.96	76878.65	82190.41	87496.10	92780.48	97734.66	102558.96	103906.75	108056.58	111728.07	97245.59	98783.35	100371.74
同比增长率	—	6.0	5.8	6.9	6.5	6.0	5.3	4.9	1.3	4.0	3.4	-13.0	1.6	1.6

2005—2018 年全国农机总动力保有量走势

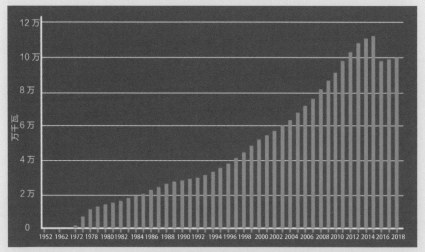

1952—2018 年全国农业机械总动力走势

（二）农业生产方式实现历史性转变

农机作业水平持续快速提高，农业生产方式实现历史性转变。2018 年，全国农作物耕种收综合机械化率超过 69%，农业生产已从主要依靠人力畜力转向主要依靠机械动力，进入以机械化为主导的新阶段。机耕率、机播（栽植）率、机收率分别达到 84.03%、56.93% 和 61.39%。其中，小麦、水稻、玉米等主要粮食作物耕种收综合机械化率分别达到 95.89%、81.91%、88.31%，生产已基本实现机械化，完全改变了农忙季节"工人放假、学生停课、干部下乡"抢收抢种的局面。棉油糖饲等大宗经济作物、畜禽水产养殖、果茶菜、设施农业、农产品初加工等领域的机械化生产也取得了长足的进步。农业机械化大幅提升了农业劳动生产率、土地产出率和资源利用率，为农业转变"靠天吃饭"的局面，将农民从"面朝黄土背朝天"的繁重体力劳动中解放出来，为农民共享现代社会物质文明成果提供了有力支持。

新疆昌吉棉田机械化采收

2000 年以后微耕机开始普及使用

手扶拖拉机作业

2000 年以后大中型拖拉机快速普及

2000 年开始推广步行式四行机械插秧机作业

2015 年后开始推广乘坐式六行插秧机作业

背负式联合收割机作业

半喂入联合收割机作业

24 行播种机进行麦田施肥作业

大功率拖拉机牵引操作精准播种变量施肥

东方红高地隙植保机作业

油菜毯状苗移栽机作业

9HS-170型黄贮饲料收获机作业

（三）农机社会化服务持续发展

农机社会化服务持续发展，成为农业生产服务的主力军。2018年，全国农机户总数达到 4080 万个，农机化作业服务组织 19.2 万个，其中农机合作社 7.26 万个，乡村农机从业人员 4758.6 万人。农机服务总收入 4700 多亿元，其中作业服务收入 3530 亿元。农机大户、农机合作社、农机专业协会、农机作业公司等新型社会化服务组织不断发展壮大，订单服务、生产托管、承包服务和跨区作业等农机社会化服务方兴未艾，农机作业服务逐步拓展到农业产业各个领域。农机跨区作业面积 0.21 亿亩，农机合作社作业服务面积 0.52 亿亩。农机社会化服务成为农民增收的一个重要渠道和农业生产服务的主力军，在推进小农户与现代农业发展有机衔接过程中发挥着重要的桥梁作用。

（四）法规政策体系基本建立

农机化管理服务水平持续提升，法规政策体系基本建立。2004年全国人大常委会公布实施《中华人民共和国农业机械化促进法》。2009 年国务院公布《农业机械安全监督管理条例》，2010 年、2018年两次出台指导促进农机装备产业和农业机械化发展的指导意见。2003—2018 年，农业部先后发布了《拖拉机和联合收割机登记规定》等 8 个部门规章，累计发布农机化行业标准规范 342 项。29个省（区、市）制定了 36 部地方性法规及 26 部政府规章。目前，农业机械化管理服务工作基本有法可依，形成了较完整的管理服务体系，涵盖农机培训、鉴定、推广、监理、作业、维修、质量等各个方面。以《农业机械化促进法》和中央出台农机购置补贴政策为引领，国家围绕支持农机生产、流通、购置和作业服务等，形成了财政补助、税费减免、设施用地、信贷担保、融资租赁、跨区作业、贷款保险、人才培养等方面的系列扶持措施，有关部门和各地在不同时期还设立重点农机科研和农机化技术示范推广项目，支持重点农机装备研发和农机化技术推广，不断完善扶持农业机械化发展的政策体系，为农业机械化的发展提供了有力保障。

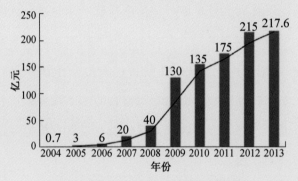

2004—2013 年中央财政农机购置补贴资金额度

二、全程全面发展

我国农业机械化取得了历史性成就，已进入主导农业生产方式的新阶段，面对农业生产和农民的强劲需求，当前农业机械化发展遭遇了"堵点""难点""痛点"。推进农业机械化转型升级，要以科技创新、机制创新和政策创新为动力，以农机农艺融合、机械化信息化融合、农机服务模式与农业适度规模经营相适应、机械化生产与农田建设相适应为路径，去除"堵点""难点""痛点"，释放发展空间、潜力、活力，为农业现代化提供有力支撑。

（一）农机装备被列入十大重点发展领域

重点发展粮、棉、油、糖等大宗粮食和战略性经济作物育、耕、种、管、收、运、贮等主要生产过程使用的先进农机装备，加快发展大型拖拉机及其复式作业机具、大型高效联合收割机等高端农业装备及关键核心零部件。提高农机装备信息收集、智能决策和精准作业能力，推进形成面向农业生产的信息化整体解决方案。

——《中国制造 2025》

2015 年 5 月 8 日，国务院印发了《中国制造 2025》。这是我国实施制造强国战略第一个十年行动纲领，也是继 2012 年美国提出"先进制造业国家战略计划"、2013 年德国提出"工业 4.0"战略实施建议、2014 年日本提出"日本制造业白皮书"和 2015 年英国提出"工业 2050 战略"后，我国首次从国家战略层面构建制造强国的宏伟蓝图。国家为保障国家粮食安全、生态安全和食品安全，促进农业增加效益、农民增加收入，将农业机械列为十大重点领域之一，为农机工业发展提供了机遇。

（二）加快推动农机装备产业高质量发展

2018 年 12 月 29 日，国务院印发《国务院关于加快推进农业机械化和农机装备产业转型升级的指导意见》（国发〔2018〕42号），围绕装备结构、综合水平、薄弱环节、薄弱区域、相关产业机械化，提出 5 类 16 项量化指标，并综合考虑了与《全国农业现代化规划（2016—2020 年）》《农机装备发展行动方案（2016—2025 年）》《全国农业机械化发展第十三个五年规划》的衔接，明确提出 2020 年和 2025 年农业机械化和农机装备产业发展目标，充分体现了"全程、全面、高质、高效"的工作导向，有利于科学推动农业机械化和农机装备产业转型升级，为今后一个时期农业机械化发展指明了方向。

2025 年发展目标

农机装备品类基本齐全，重点农机产品和关键零部件实现协同发展，产品质量可靠性达到国际先进水平，产品和技术供给基本满足需要，农机装备产业迈入高质量发展阶段。全国农机总动力稳定在 11 亿千瓦左右，其中灌排机械动力达到 1.3 亿千瓦，农机具配置结构趋于合理，农机作业条件显著改善，覆盖农业产前产中产后的农机社会化服务体系基本建立，农机使用效率显著提升，农业机械化进入全程全面高质高效发展时期。全国农作物耕种收综合机械化率达到 75%，粮棉油糖主产县（市、区）基本实现农业机械化，丘陵山区县（市、区）农作物耕种收综合机械化率达到 55%。薄弱环节机械化全面突破，其中马铃薯种植、收获机械化率均达到 45%，棉花收获机械化率达到 60%，花生种植、收获机械化率分别达到65%和 55%，油菜种植、收获机械化率分别达到 50% 和 65%，甘蔗收获机械化率达到 30%，设施农业、畜牧养殖、水产养殖和农产品初加工机械化率总体达到 50%左右。

贡献江大智慧
服务水利工程

奋进六十载
农机新征途

第三篇

无界畅想　未来农机

智能农机文化将闪耀未来

新时代，新目标，新征程。实施乡村振兴战略、推进农业农村现代化、实现中华民族伟大复兴，对农业机械化提出了新的更高要求。《国务院关于加快推进农业机械化和农机装备产业转型升级的指导意见》的发布，推动我国农业机械化发展领域全面拓展，从粮食作物机械化向经济作物机械化渗透，从种植业机械化向畜牧养殖业、水产养殖业、设施农业、农产品初加工业机械化延伸，从平原地区机械化向丘陵山区机械化进军。

一、专家观点

1. 中国工程院院士汪懋华：数字经济展翅助推智慧农业创新发展

"互联网+农业"将带给"三农"新未来。"互联网+"将赋予传统农业、落后农村、弱势农民奔向现代化征途的新契机。"互联网+农民"将造就一批"新农人创客"，"互联网+农村"将推动农村信息化快速发展，改善传统农村的生活方式和公共服务模式，为推动信息化与农业现代化深度融合发展开拓新道路。

中国工程院院士汪懋华　数字经济展翅助推智慧农业创新发展

"互联网＋农业"将带给"三农"新未来。"互联网＋"将赋予传统农业、落后农村、弱势农民，奔向现代化征途的新契机。"互联网＋农民"将造就一批"新农人创客"，"互联网＋农村"将推动农村信息化快速发展，改善传统农村的生活方式和公共服务模式，为推动信息化与农业现代化深度融合发展开拓新道路。

2.中国工程院院士罗锡文：智慧农业是中国农业未来的发展方向

　　智慧农业是依托生物技术、智能农机、信息技术，能够实现信息感知、定量决策、智能控制、精准投入和个性化服务五大功能的一种现代化农业生产方式。

3.中国工程院院士李德毅：未来农机——会学习的农田作业机器人

自动驾驶是未来农田作业机器人的起跑线，而智能网联是未来农田作业机器人的生态，会学习则是未来农田作业机器人的核心。会交互、会学习、能进化的农田作业机器人将大展身手，迎来人机智能融合的新时代。

4.中国工程院院士陈学庚：5G技术在农业机械中的应用与发展

随着5G、云计算、大数据、物联网等信息技术的快速发展，数字科技的应用给农业生产带来了方方面面的变化，助力农业开启数字化进程。

5.中国工程院院士赵春江：智慧农业时代 农民将更有幸福感

　　智慧农业的布局要考虑以下因素：建立天空地一体化的大数据采集系统；建立分析模型，提高决策能力和水平；将决策结果变成田间地头的具体实施方案，大力发展智能化精准作业技术装备，实现机器换人。未来的农业将彻底改变过去"面朝黄土背朝天"的传统作业模式，而农民也将变成更具有幸福感的职业。

二、我国农业机械化的发展趋势

(一) 产业发展趋势

通过市场机制实现优胜劣汰，资源和产销量会进一步向优势企业集中，产业集中度将大幅度提升。通过行业领军企业的纵向延伸，系列配套的产业链更加完善，优势互补的产业集群优势更加凸显。以工业机器人为标志的智能制造的应用越来越广泛，成为促进农机制造质量、效率和效益全面提升的重要路径。随着政府"放管服"改革的深化和监管方式的创新，营商环境进一步优化，市场活力进一步激发。

(二) 技术发展趋势

一是向大型、高效、多功能和精准复式联合作业方向发展。二是向资源节约、绿色环保、可持续方向发展。三是向全程全面方向发展。全面满足粮食、油料、糖料、纤维等主要农作物，以及优势经济作物、林果蔬菜等从种子生产、耕整种植、田间管理、收获储藏到商品加工、剩余物综合利用等全过程机械化需求。四是广泛应用工业设计与智能制造，融合视觉识别与多元信息感知、智能决策、自动调控等现代信息技术，实现农业机械的感知数字化、操作自动化、控制智能化、作业精细化。

(三) 产品发展趋势

随着我国农业综合机械化作业水平的提高，总体上看"十四五"期间农机需求总量稳定，产业升级将成为农机工业的主旋律。传统粮食作物对大型化、成套化的高端高效机械的需求增加，大马力拖拉机、动力换挡拖拉机、大型纵轴流收获机、大型作业机具等将得到快速推广；适应小农生产、丘陵山区作业以及果蔬等特色作物生产的农业机械，需求将变得日益迫切；绿色、环保、精准作业、变量作业设备将得到广泛推广，精量播种机、精准施药、植保无人机等将得到进一步应用；远程监控、自动/辅助驾驶、无人作业等智能化装备将得到进一步发展。

国内首台大马力轮边驱动型无人驾驶电动拖拉机（概念机）

未来农机畅想

结　语

以其滔滔，终成泱泱，五千年长路漫漫；时光荏苒，沧海桑田，全人类砥砺奋进。

人类历史发展虽波澜壮阔，极不平凡，但始终在农具改良和农业机械化的道路上不懈努力，最终绘就了一幅波澜壮阔、气势恢宏的历史画卷，谱写了一曲感天动地、气壮山河的奋斗赞歌。

今天，人们仍想象不断，追求不止，奋斗不停。

我们相信，农机的明天将更先进，人类的明天将更幸福，地球的明天将更美丽！

附录　中国农机文化展示馆相关介绍

中国农机文化展示馆于 2019 年筹建，2021 年 6 月正式开馆。中国农机文化展示馆位于江苏大学校史博物馆四、五、六楼，分三个展厅，总面积 1655 平方米。场馆布展以时间为轴、实物为证。展示馆中除平面展示内容外，还陈列了原始农具模型、扶犁牛耕模型、农业机械模型等实物展示，设置了多媒体互动装置、名人面对面检索设备、虚拟驾驶、沉浸式影院等互动体验环节，以增强参观者的现场观感与体验，加深参观者对博大精深的中国农机文化的认识。

【中国农机文化展示馆序厅（一）】

【中国农机文化展示馆序厅（二）】

【展厅第一部分内景】

【展厅第一部分内景】

【展厅第一部分内景】

【展厅第一部分内景】

【展厅第一部分内景】

【展厅第一部分内景】

【展厅第一部分内景】

【展厅第一部分内景】

【展厅第二部分内景】

【展厅第二部分内景】

【展厅第二部分内景】

【展厅第二部分内景】

【展厅第二部分内景】

【展厅第二部分内景】

【展厅第二部分内景】

【展厅第二部分内景】

【展厅第二部分内景】

【展厅第二部分内景】

【展厅第三部分内景】

【展厅第三部分互动区内景】

【展厅第三部分影院内景】

【展厅结语部分内景】

【展厅学生农机创意作品部分内景】

农机发展历程
社会进步印记

首轮农业全程
无人作业实验